国家出版基金资助项目
湖北省公益学术著作出版专项资金资助项目
中国城市建设技术文库
丛书主编 鲍家声

Urban Form, Climate and Energy Consumption

城市形态、气候与能耗

石 邢 王 超 杜思宏 著

http://press.hust.edu.cn
中国·武汉

图书在版编目（CIP）数据

城市形态、气候与能耗 / 石邢，王超，杜思宏著. —武汉：华中科技大学出版社，2023.8
（中国城市建设技术文库）

ISBN 978-7-5680-9803-8

Ⅰ.①城… Ⅱ.①石… ②王… ③杜… Ⅲ.①城市建设—研究②城市气候—研究③城市—节能—研究
Ⅳ.①TU984 ②P463.3 ③TK01

中国国家版本馆CIP数据核字（2023）第140440号

城市形态、气候与能耗　　　　　　　　　　　　　　　　　石邢　王超　杜思宏　著
CHENGSHI XINGTAI, QIHOU YU NENGHAO

出版发行：华中科技大学出版社（中国·武汉）　　　　电话：（027）81321913
地　　址：武汉市东湖新技术开发区华工科技园　　　　邮编：430223

策划编辑：王　娜　　　　　　　　　　　　　　　　封面设计：王　娜
责任编辑：王　娜　　　　　　　　　　　　　　　　责任监印：朱　玢

印　　刷：湖北金港彩印有限公司
开　　本：710 mm×1000 mm　1/16
印　　张：12.75
字　　数：213千字
版　　次：2023年8月第1版　第1次印刷
定　　价：98.00元

作者简介

石 邢　同济大学建筑与城市规划学院长聘教授、副院长,高密度人居环境生态与节能教育部重点实验室主任。主要研究方向为绿色建筑性能及其优化设计、城市建筑能耗模拟、城市微气候等。发表论文150余篇,其中SCI收录60余篇;出版专著4部;获教育部科技进步奖、华夏建设科技奖、国际学术会议最佳论文奖等国内外科技学术奖励多次;主持参与国家级和省部级纵向科研项目二十余项;承担国内外设计咨询项目五十余项。担任中国建筑学会建筑物理分会副理事长等学术职务。

王 超　同济大学建筑与城市规划学院博士后,东南大学建筑学院工学博士。主要研究方向为城市建筑能耗模拟、高密度城区节能与减碳等。在《Sustainable Cities and Society》《Building and Environment》等国内外知名期刊发表中英文论文20余篇,获国家发明专利授权3项,参与国家重点研发计划、国家自然科学基金等科研项目。

杜思宏　工学硕士,同济大学建筑与城市规划学院博士研究生。主要研究方向为城市微气候、多尺度城市风热环境的评价与优化等。在《Building and Environment》等国内外知名期刊上发表多篇论文,参与国家重点研发计划、国家自然科学基金等科研项目。

前　言

　　城市形态、气候与能耗是三个十分重要、密切关联、互相影响的概念，也是在全球气候变化和碳中和背景下建筑学、城乡规划学和其他相关学科（以下统称为建筑类学科）研究城市问题的重点关注内容。

　　城市形态是城市物质空间的结构和形式，是三者中最为基础、研究开始最早的概念，是建筑类学科研究的一个经典方向。城市气候有时也称城市微气候，是在自然气候、城市建成环境、人的生产生活行为等因素共同作用下形成的城市空间里特有的气候。城市能耗在广义上是指城市里消耗的所有能源的总和；狭义上是指城市建筑消耗的能源，即城市建筑能耗。在建筑类学科的研究范畴，更多采用其狭义的定义。

　　城市形态、城市气候、城市能耗三者之间关系密切且复杂，简单地说：城市形态对城市气候和城市能耗有重要的影响；自然气候作用于城市形态，加上其他机制，形成了城市气候；城市气候是城市能耗发生的边界条件；从城市形态到城市气候再到城市能耗，形成一条因果链，城市能耗位于这条因果链传导的最下游；城市能耗也反过来影响城市气候，乃至影响城市形态。

　　本书共有四章，第1章为"城市形态"，介绍城市形态的基本概念、西方城市形态学研究领域的代表性学者和描述城市形态的指标。第2章为"城市气候的基本概念和数理模型"，介绍城市气候的基本概念、城市气候研究的EA系统及其内部的物质和能量的传递与平衡、城市气候的数理模型和多尺度城市气候的模拟。第3章为"城市气候"，介绍城市风环境和城市热环境。第4章为"城市能耗"，介绍城市能耗与城市建筑能耗的概念、城市建筑能耗的计算方法、城市建筑能耗计算所需数据和城市建筑能耗的计算案例。

　　本书的写作受新冠疫情影响较大，能够最终出版，要感谢我的两位合作作者王超和杜思宏，还要特别感谢华中科技大学出版社的王娜女士，她认真负责的态度和专业的素养给我们留下了深刻的印象。

石　邢
2023 年 7 月于上海

目　录

1

城市形态

1.1 城市形态的基本概念

"城市形态"一词，由"城市"和"形态"组成。"城市"的概念清晰明确，但"形态"的概念需要解释，两者组合在一起形成的"城市形态"的概念则更需要专门的研究。

"形态"一词合适的英文翻译有两个，一是 form，二是 morphology。在英文语境下表述城市形态时，urban form 和 urban morphology 经常通用。但是，仔细分析会发现，这两个词的含义存在细微但重要的区别。根据 Merriam-Webster's Collegiate Dictionary[1]，form 的含义是"the shape and structure of something as distinguished from its material"，即某物区别于其材料的形状和结构。这一解释中值得注意的有两点：首先，形态包括形状和结构两层含义；其次，形态独立于材料，与材料无关，换言之，由不同材料组成的事物可以有完全相同的形态，只要它们的形状和结构是相同的即可。

同样根据 Merriam-Webster's Collegiate Dictionary，morphology 的主要含义有两个：第一个是"a branch of biology that deals with the form and structure of animals and plants"，即生物学中的一个研究动物和植物形态和结构的分支；第二个是"the form and structure of an organism or any of its parts"，即一个有机体或其一部分的形态和结构。显然，morphology 的第一个含义可译为"形态学"，这时 urban morphology 就指城市形态学这一特定的学科或研究方向。morphology 的第二个含义和 form 很类似，事实上，它的释义中就用到了 form 一词，指形态，这时 urban morphology 就和 urban form 相同，可译为"城市形态"。需要注意的是，只有 urban morphology 是指城市形态学，urban form 没有这个意思。

在辨析了 form 和 morphology，urban form 和 urban morphology 的异同后，我们可以进一步研究城市形态的概念并获得以下基本结论。

- 城市形态指城市的形状和结构，城市的形状和结构有密切的联系，但并不等同，完整地表述城市形态的概念需要同时包括形状和结构。

- 城市形态与材料无关，由不同的材料构成的城市可以有相同或类似的形态，由相同的材料构成的城市可以有截然不同的形态。

以上两点是理解城市形态概念的基本出发点，除此以外，下列关于城市形态的认知对理解城市形态的概念很有帮助。

（1）城市形态是物质的

城市形态是城市的形状和结构，而城市的形状和结构是由城市的各种物质要素共同构成并决定的，这些物质要素包括地形、建筑、道路、公共空间、河流、湖泊、植被等。所以，城市形态是物质的。

（2）城市形态是精神的

城市形态反映并蕴含了城市的历史、文化和社会结构，受到城市各利益相关方（城市规划设计者、城市建设者、城市运营管理者、普通城市居住者等）的宗教信仰、价值取向、审美评价等精神属性的深刻影响。所以，城市形态是精神的。

（3）城市形态是复杂的

由于城市形态同时具有物质属性和精神属性，而物质属性和精神属性又有很多维度且在同一维度上有不同的表现，所以，城市形态是复杂的。世界上有人口超过千万、建成区面积在 1000 平方千米以上的大城市，也有人口仅几万、建成区面积仅几十平方千米的小城市；有位于平原之上、地势开阔平坦的城市，也有依山就势、高低起伏明显的城市；有绵延分散、建筑平均高度较低的城市，也有相对聚集、建筑平均高度较高的城市；有单中心的城市，也有多中心的城市；有沿着某一主导轴线性发展的城市，也有东、西、南、北四个方向发展均衡的城市。这些例子描述的是城市与城市之间形态呈现的复杂性，在同一座城市内部的不同区域，形态也可以呈现出高度的复杂性。

（4）城市形态既可以被主观感知，也可以被客观度量

大多数人生活在城市中，伴随着全世界的城市化，未来会有更多的人生活在城市中。生活在城市中的我们可以对城市形态产生直观的、切身的乃至亲切的感受。想象这样两种城市形态：一种是商业和高层建筑密集，街道上车水马龙的城市中心区；另一种是以低层低密度住宅为主，绿树成荫、环境幽静的城郊高档住宅区。身处这两种城市形态之中，我们的心理和生理感受将会非常不同。因此，城市形态可以被主观感知。

城市形态又可以被客观度量。城市形态指城市物质空间要素的形状和结构，这些要素的形状和结构涉及它们的几何尺寸、拓扑关系、空间逻辑等。城市形态的可度量性主要体现在两个方面：首先，描述城市形态的最重要、最基本的物理量是城市形态构成要素的几何尺寸，而几何尺寸显然是可以度量的；其次，除几何尺寸外，描述城市形态必不可少的拓扑关系和空间逻辑等物理量，虽然不能像几何尺寸那样用简单的长宽高来度量，但也可以使用特定的方法、公式、模型进行量化表征。综合这两个方面可知，城市形态可以被客观度量。事实上，研究如何度量城市形态是城市形态学领域研究的重要内容之一。

1.2　西方城市形态学研究领域的代表性学者

城市形态学研究属于更广泛的城市研究的范畴。城市研究的历史与建筑研究的历史都非常悠久，但城市形态学则是一门相对年轻的学科。虽然历史上很多有关城市的研究都或多或少地涉及城市形态，但城市形态学作为一门有着明确研究对象、研究理论、研究方法、研究范式的"显学"，仅有一百多年的历史。

本节介绍城市形态学研究领域的三位代表性学者，他们是目前城市形态学研究领域重要的两个学派的创立者。通过这样一个视角，我们能够了解城市形态学的发展历史和主要学派的学术观点和理论。由于这三位学者均来自欧洲，而城市形态学的研究与具体的大陆、国家、城市密不可分，所以本节的最后对美国城市形态学的研究进行了补充介绍，以勾勒出西方城市形态学研究的基本轮廓。

1.2.1　英国的康泽恩[*]

迈克尔·康泽恩（Michael Conzen）1907 年出生于德国柏林，在 20 世纪 30 年代移居英国。他于 1939 年成为英国公民，在 1946 年加入国王学院（King's College），成为一名讲师。因为他的成年期和职业生涯主要在英国度过，所以，他一般被认为是一名英国学者。康泽恩逝世于 2000 年。

康泽恩的父亲是一位建筑雕塑家。康泽恩的童年在德国度过，其间经历了第一次世界大战。20 世纪 10 年代，德国柏林和周边乡村的形态发生了明显且重要的变化，当时尚处于少年期的康泽恩就敏感地觉察到了这些变化。有证据表明，他在十五岁左右就在笔记本里记录了他对柏林和周边乡村形态变化的观察，并绘制了草图。

完成中学学业后，康泽恩进入柏林大学学习地理学，还涉猎了历史和哲学。1926 年至 1933 年，康泽恩参加了一系列学术讲座和现场研学营，主持这些学术活动的学者还包括 Penck、Krebs、Troll、Louis、Bobek 等知名学者。通过这些学术活动和相关研学，康泽恩较深入地学习了中欧地理学的研究成果。在这一时期，康泽

---

* 本小节内容主要参考 WHITEHAND J W R. Obituary M. R. G. Conzen, 1907-2000 [J]. Journal of Historical Geography, 2001, 27(1): 93-97.

恩还在著名的柏林地理研究所（Geographical Institute of Berlin）学习了一段时间，而这段时间恰好是这一研究机构的黄金时期。另外，这段时间恰好也是德语区国家地理学研究领域开始提出并重视"Landschaft"（地景）这一概念的时代。在此前三十年间，这一概念与人类地理学领域和城市地理学领域强调形态的传统密切相关。康泽恩童年、少年和青年阶段在德国柏林的生活和学习经历，对他日后的学术研究和职业生涯产生了重要和深远的影响。

1933 年是康泽恩人生和职业生涯的一个重要转折点。他得知自己出现在纳粹的抓捕名单中，几天以后便搭乘一艘货船，从德国汉堡起航，逃往英国伦敦。从那以后，康泽恩在英国度过了他其后的人生和学术研究生涯。因此，一般认为康泽恩是英国的城市形态学家，以他为首开创的城市形态研究学派也被称为英国历史地理学派。

作为一个来自德国的难民，康泽恩需要合法的身份和资格才能就业。因此，他注册成为曼彻斯特维多利亚大学乡镇规划专业的学生，第一期学生只有 2 人，康泽恩是其中之一。这一经历直接促使他于 1936 年成为切尔西的一位从事区域和镇规划的咨询师的助手，这也是他在英国的第一份正式工作，这一工作持续到 1940 年。这一时期的职业经历使得康泽恩开始思考历史地理学和规划之间的关联性。不久，他就在规划学术刊物上发表了两篇论文。在其中的一篇论文里，康泽恩提出了一个关于规划科学组织结构的框架，显示了他对概念构建和概念之间关系系统化的关注。[2] 大约在同一时期，他注册成为曼彻斯特大学 Fleure 教授的一名硕士研究生。正是在 Fleure 教授的影响下，康泽恩决定从事规划行业。

从 1940 年到 1946 年，康泽恩在曼彻斯特大学的地理系担任讲师，同时也是一个乡村规划研究小组的成员。在此期间，康泽恩发表了一篇在其学术生涯中具有里程碑意义的论文，题为"East Prussia: Some Aspects of Its Historical Geography"[3]。在这篇论文中，康泽恩研究了东普鲁士地区地景的历史层叠，提出了"isostades"的概念，用以分析德国殖民的发展和演进，具有重要的方法学上的意义。对历史层叠的关注还见于康泽恩在这一时期开展的一些现场调研，特别是他使用标准化的、逐地块的测绘对英国城镇进行了研究和分析。

第二次世界大战后，康泽恩来到位于纽卡斯尔的国王学院并在地理系担任讲师，从此他开始重点研究英格兰东北地区的城镇。1949 年，康泽恩发表了一张根据形态和时期特点对定居点进行分类的地图，该地图覆盖了整个英格兰东北地区[4]。延续他对历史地理和规划之间关系的兴趣，康泽恩随后又对惠特比（Whitby）进行了精细的研究，清晰地展示了一座城镇的形态发展如何形成值得保护的城市景观。

康泽恩自 1940 年在英国开展的一系列研究在当时并未引起太大的反响，重要的原因之一是在 20 世纪五六十年代，在英语国家的人类地理学领域，尚未对形态学研究方法给予足够的关注，这与德语区国家有明显的不同。尽管如此，康泽恩仍坚持自己的学术观点和研究方法，孜孜不倦地探索相关概念的更广泛的意义，并通过运用来自不同专业的知识，将细致入微的观察所得与具有规律性的现象联系起来。康泽恩在 20 世纪 50 年代将大部分时间和精力都投入对位于纽卡斯尔北部约 50 km 的一个集市小镇的研究中去，相关研究成果后来成就了他的一本经典著作：*Alnwick, Northumberland: A Study in Town-Plan Analysis*[5]。这本著作是对一个城镇区域物质空间形态的全面研究，包括城镇规划、建筑形态、土地利用等。值得提及的是，康泽恩曾计划撰写关于这个小镇形态研究的三部曲，对城镇规划的研究仅是第一部，但后两部并未完成。

在对 Alnwick 城镇规划展开研究的同时，康泽恩将建立起的理论和方法体系用于对大城市（纽卡斯尔）中心的研究，连续发表了 3 篇论文[6-8]。通过这 3 篇论文，康泽恩证明了通过研究 Alnwick 建立起的一些关键概念（如边缘环）同样适用于 20 世纪正在经历剧烈变化的大城市，相关方法和概念在地理学以外也有着重要的意义。

在康泽恩正式退休前不久，他以高涨的热情和精心的计划开始了一项新的大型研究，这项研究持续了近 30 年，直到康泽恩于 93 岁高龄去世。康泽恩在临近退休时开始学习阅读日语，这是为了推动他新开始的一项研究——日本城镇研究。关于日本城镇的研究是康泽恩 20 世纪七八十年代研究的重点，因为他把该研究看作与欧洲城镇相关的比较研究。由于对学术水准的苛求，在这一研究主题上，康泽恩只正式发表了一篇论文[9]，另外还有三篇论文未正式发表。此外，法国政府资助了一份关于城市形态学的研究报告，其中有学者们就康泽恩在这一领域的贡献进行了讨论。

在 20 世纪 90 年代，康泽恩生活的最后一个十年，他将主要精力放在构思和撰写一部关于城市形态学的集大成之作上，详细介绍这一研究领域的基本概念、研究范式、内在属性和发展历程。在康泽恩去世的时候，这部作品的纲要已经完成，但遗憾的是，全书最终未能问世。

在康泽恩去世后，他的研究成果和学术思想的影响力逐渐扩大，尤其是在英语国家以外的地区和地理学以外的学科。1994 年，国际城市形态研讨会（又称论坛）（International Seminar on Urban Form, 简称 ISUF）成立，它将考古学家、建筑师、地理学家、历史学家、社会学家、城市规划师等聚集到一起开展研究与讨论，这与康泽恩多年前就提出的倡议不谋而合，即：在城市形态学的研究上，应加强多学科的合作，打造一个国际化的平台进行比较性的概念思考。

1997 年，《城市形态学》（*Urban Morphology*）的创刊号从国际和多学科的视角讨论了康泽恩学派的学术思想和学术成果。1999 年，国际城市形态学会时任主席 Anne Moudon 教授在她的主席报告中指出："……与我们最著名的成员（康泽恩）一起庆祝新世纪的到来……您是我们过去历史的最好见证者和塑造未来最智慧的建议者……"康泽恩的大部分学术成果和作品被集结成书，于 2001 年出版[10]。此外，他所有的论文、笔记、专业书信、专著、地图、规划设计、照片、幻灯片等资料，全部存档于英国伯明翰大学地理与环境科学学院。

1.2.2　意大利的穆拉托里和卡尼吉亚*

1. 穆拉托里

穆拉托里（Saverio Muratori, 1910—1973）是一位意大利建筑师和学者，他在城市形态学和建筑类型学上的研究和实践产生了深远的影响，尤其是 20 世纪 90 年代以来，越来越多的人开始研究穆拉托里，并根据他的学术思想进行城市形态学的研究，从而形成了穆拉托里学派。

穆拉托里的主要教育经历发生在 20 世纪的二三十年代，在那个时期的意大利，人文与科学的教育正在经历一场以融合为主要特征的深刻变革，这一变革延伸到建筑学领域，就表现为艺术院校与工程技术院校的碰撞和交叉，这对穆拉托里产生了深刻的影响。

---

* 本小节内容主要参考 CATALDI G, MAFFEI G, VACCARO P. Saverio Muratori and the Italian school of planning typology[J]. Urban Morphology, 2002, 6(1): 3-14.

1933 年，穆拉托里从大学毕业后，在强烈的好奇心和学术探索精神的驱动下，开始深入研究当代建筑。他为 Architecttura 杂志撰写了一系列的文章，研究讨论当时欧洲最新的建筑，这一研究直接影响了他早期的建筑设计实践，包括 1937 年与 Ludovico Quaroni 和 Francesco Fariello 合作的罗马皇家广场项目。随后，穆拉托里独立完成了多个规划设计项目，在这些项目里，他着重对意大利的重要城市主题之一——城市广场进行了实验性的探索，将城市广场周边的建成环境视为广场和围合广场的纪念性公共性建筑存在的文脉及背景依存条件。

第二次世界大战打断了穆拉托里的规划设计实践，但并未中止他的学术探索，他的一系列重要的学术成果就产生于这一时期。穆拉托里从 1944 年到 1946 年撰写了多篇论文（这些论文由 Guido Marinucci 整理，在穆拉托里去世后正式发表），提出了城镇是有生命的有机体和艺术创作的集合的思想，指出规划设计新建筑应当与场所既有的建筑文化相协调。总的来说，穆拉托里在这些文章里提出了"可操作的历史"的概念，并在后续研究威尼斯的专著里给予了清晰明确的定义。

第二次世界大战结束后，欧洲许多国家面临重建，意大利也不例外。穆拉托里深度参与了 1948 年的 Istituto Nazionale delle Assicurazioni 住宅规划设计项目，该项目后来被复制到意大利的多个主要城镇。在这一项目成功的基础上，穆拉托里主持完成了罗马城区的几个规划设计，如图斯科拉诺。在这一时期，穆拉托里还在意大利完成了多个重要的公共建筑项目，包括比萨的圣吉奥瓦尼教堂（又译圣乔瓦尼教堂）、罗马的基督教民主党总部、罗马的图斯科拉诺教堂（未建成）等。在这些项目中，穆拉托里探索了对基础性的现代建筑和城市的技术与环境问题的解决方案，其中有些思考和尝试明显超越了那个时代，具有重要的开创性和学术性。

1952 年，穆拉托里赴威尼斯担任建筑分布特性研究的教席教授。在这里，他研究了威尼斯城市中心第一份测绘图纸和资料，以及自己之前在对威尼斯的研究中提出的假说，应用了一系列重要的基础性概念，包括类型、肌理、有机体、可操作的历史等。

1954 年，穆拉托里从威尼斯回到罗马，担任建筑构成学教席的教授，重新开始将主要的时间与精力投入建筑教学。对威尼斯的研究和在那里的经历促使他将可操作的历史作为教学思想的主线，并以此作为学生设计的基础和灵感来源。穆拉托里提出的设计命题旨在理解城市形成各阶段不同的内在价值，从肌理紧凑的城市历史中心区里新建建筑项目与既有建筑融合产生的影响和意义，到新兴郊区的更加多样的解决方案、具有的多种可能。穆拉托里在建筑设计教学中强调城市主题，提出对可生长、可复制的建筑有机体的深入考虑，例如，在著名的"砌体帽子"设计教学中，他要求学生设计一组高度连贯的代表性建筑，探索由材料、结构、构成平面等综合形成的形态的空间排布。

到了 20 世纪 60 年代早期，围绕穆拉托里开始形成一个由他的助手和学生组成的团队，在团队的支持下，穆拉托里完成了一系列重要的工作。1963 年，他和波拉蒂、玛瑞努奇出版了著名的《罗马城市运作历史研究》[11]。他还和团队成员一起完成了多项大型建筑项目，其中包括 1959 年完成的威尼斯附近的圣朱利亚诺沙洲（Barene di San Giuliano）。该项目在潟湖周边通过现代性的手法再造了威尼斯城市发展历史上三个重要的时间节点。

穆拉托里尽管在设计实践上获得了巨大成功，但在这一时期的建筑教学上遇到了挫折。由于其教学思想和方法与当时的流行做法相左，他在罗马的一些同事和学生提出了反对意见，他们认为穆拉托里痴迷于重新建构建筑教学，而且因此不愿意遵守正统规范和现代建筑运动中的技术性。最终，这些矛盾和纷争使得穆拉托里感到被孤立，加上他原本就有对建筑学以外更广泛问题的哲学意义进行思考的意愿，他便开始进行一系列新的研究并产出了重要的成果。1963 年，穆拉托里出版了《危机中的建筑与文明》[12]，1967 年又出版了《文明与地域》[13]。在前者中，穆拉托里将建筑的危机解读为一种更一般、更普遍危机的表现形式。在后者中，他分析了人自觉自醒的过程。在穆拉托里看来，解决建筑面临的危机的唯一出路是人在全球尺度上建立一种建筑与其所处环境及场所相互平衡的关系。

穆拉托里于 1973 年去世。在他去世前，与他最亲密的一名学生弗拉米尼（Enzo Flamini）将他仍在思考的一些难题记录下来。穆拉托里的重量级著作 Atlante territoriale 和 Tabelloni，意图为人造的城市与建筑提供一种普适性的逻辑分类，但最终未能全部完成和正式出版。

晚年的穆拉托里意识到自己时日无多，想清晰地表达思想有困难，因此他养成了录制自己的演讲和讲课视频的习惯，这些演讲的底稿和讲课的讲义包含了许多重要的然而又有概括性的图表。马瑞努奇承担起了整理和发表穆拉托里晚年这些思想和研究成果的任务，这项任务需要极大的耐心和奉献精神。他是穆拉托里去世后两部讨论现实和自我意识系统的著作的主要贡献者。

2. 卡尼吉亚

詹弗兰克·卡尼吉亚（Gianfranco Caniggia）生于 1932 年，卒于 1987 年。他是穆拉托里的学生和助手，后来成为穆拉托里学派著名的学者和建筑师，他在某些方面产生的影响甚至超过了穆拉托里本人。

卡尼吉亚在大学时期就显示了出众的学术能力，由于父亲的缘故，他在很年轻的时候就有机会参与到重要的建筑项目中。例如，在罗马的 Trinità dei Pellegrini complex 项目中，卡尼吉亚设计了分三阶段完成的计划，这显示了他正在逐步接受穆拉托里的思想。成为穆拉托里的助手后，卡尼吉亚将解释性方法用于科莫镇的规划中；该镇是一座起源于古罗马时代的小镇，也是意大利北部著名的度假胜地。利用"返回"的概念解释城镇发展的过程和演进，使卡尼吉亚掌握了科莫镇上的联排罗马式住宅作为独立住宅的延续并且成为一种类型的背景。对这项实践和研究的基础性的洞察，开启了卡尼吉亚后续一系列对欧洲历史城市里中世纪庭院住宅形成过程的研究。

和穆拉托里的其他助手一样，卡尼吉亚按照要求先后在拉齐奥、热那亚、佛罗伦萨开展教学活动。在热那亚和佛罗伦萨，他在课程上开展了一系列规划研究，进一步明确了对城镇及其构成要素进行解释的方法学。基于这些研究，卡尼吉亚逐步建立了成熟的教学体系，后来形成了重要的著作《建筑构成和类型：解读基础建筑》，一套共四册。其中，前两册的主题是基础性的建筑的解释和设计，作为手册性质的教材，它被许多学校采用并被译成西班牙语、法语和英语。

卡尼吉亚主要关注使用建筑的语言传播穆拉托里的思想，因为他确信对穆拉托里思想内涵的理解之难使其在传播中受到阻碍。因此，卡尼吉亚致力于简化复杂的思想和理论体系，重视和强调其中操作性强的内容。从这个角度而言，他的作品的重大意义体现在对"类型""建筑肌理""基础建筑"等术语和概念的讨论上，这些术语和概念构成了研究和设计特定建筑的分析和指导框架。由此可以看出，卡尼吉亚反对那种认为建筑纯粹是一种"创造发明"和"不可重复的现象"的学术观点。

卡尼吉亚在 20 世纪 70 年代的设计实践显示了他对穆拉托里学术思想的继承和发展。这一时期他的代表性作品包括泰拉穆法院、罗马的众议院会议厅和教堂等。在穆拉托里去世后，卡尼吉亚完成了热那亚的昆汀广场项目，这个项目反映了他对热那亚城市环境特殊性的思考。

在 20 世纪 80 年代，卡尼吉亚和他的同事们参与了多项重要的国际建筑和城市设计竞赛。佩斯卡拉和博洛尼亚铁路枢纽、佛罗伦萨的穆拉特片区、威尼斯朱代卡岛的建筑扩建等一系列项目，反映了卡尼吉亚统一的、持续的对规划设计的思考和执行过程，显示了他清晰的学术观点，即：在城市中进行规划设计的唯一创新方法必须建立在对历史环境正确解读的基础上，这样可以避免即兴的、随意的、未必正确的个人的发明创造。

卡尼吉亚于 1987 年去世，年仅 55 岁。在他去世后，他的学生和亲密的同事吉安·马菲（Gian Maffei），将他大量未发表的研究成果和作品整理并出版。其中，关于佛罗伦萨和罗马住宅的研究意义最大，其采用的研究方法和思想均直接来自卡尼吉亚。

1.2.3　美国的城市形态研究 *

美国对城市形态学系统深入的研究总体上晚于欧洲，而且由于地理、气候、社会、经济、制度等方面的不同，研究关注点和取得的成果也与欧洲有明显区别。许多学科和专业对所谓"美国城市形态学"的研究做出了贡献，包括建筑学、城市规划学、历史学、地理学、考古学等，甚至还包括文化色彩强烈的"美国研究学"。本小节介绍了从地理学（涉及建筑学和城市规划学）角度开展的关于美国城市形态学的研究。

美国对城市的研究经历了一个缓慢且较长的过程，才逐渐形成明确清晰的研究形态的方法。早期的研究兴趣主要集中在两个方面：一方面是城市形态的美学，目的是为城市规划、城市景观和建筑设计提供决策依据[14]；另一方面是形态的空间结构和分布与经济驱动要素之间的关系，目的是理解城市开发建设及其经济和商业意义。第一个方面研究的代表人物是芒福德，他在 1938 年出版了著作《城市文化》，

---

* 本小节内容主要参考 CONZEN M P. The study of urban form in the United States [J]. Urban Morphology, 2001, 5(1): 3-14.

在国际视野下探讨了美国的城市主义和城市形态[15]。第二个方面研究的代表人物是土地经济学家 Hurd，他最早对城市土地利用平面的经济和商业意义进行了详细的分析[16]。

上述情况在 20 世纪 20 年代地理学学者开始关注城市形态的研究之后发生了明显的转变。欧洲的地理学学者对美国的城市形态做出了极具洞察力的研究[17, 18]，他们强调美国特有的文化塑造了与欧洲明显不同的城市形态。Vance 是第一位将形态引入更宏观的对美国城市主义的研究中的美国地理学学者，其学术观点是，美国的城市形态既继承了欧洲的城市形态，又有了独具特色的发展[19, 20]。一系列关于波士顿[21]、芝加哥[22]、新奥尔良[23]、巴尔的摩[24]等具体城市的研究，促使建成环境成为理解城市发展的关键，并且推动了该领域在学术上的进步。随后的研究进展和综合分析聚焦于土地使用模式对建筑的影响，基本忽略了测绘的历史[25, 26]。

一些所谓的美国文化价值观对城市形态产生了重要的影响，包括：突出的个人主义、对流动性和变化性的尊重、机械的世界印象、救世主般的完美主义、以时间换空间或以空间换时间的意愿等。康泽恩对这些文化价值观如何塑造美国城市形态的特质进行了详细的讨论[27]，这些特质又可进一步与历史上对城市形态的偏好建立关联。

在这些特质中，也许最重要的一个就是重商主义。这意味着美国城市首先被看作经济的机器——具有生长的机制以创造物质财富。因此，实用主义战胜了美学上的考虑，除非后者能够被商业化。其次，个人主义常在城市建成环境中以私人主义的形式体现，因此人们更倾向于私人空间而不是公共空间，其带来的明显结果之一就是美国人普遍喜欢独栋住宅而不是集合住宅。此外，作为对工业主义的反击，美国的城市治理体系中存在一种深层次的、广泛的反城市的思潮，因此对城市形态的控制从政治上来说呈现出碎片化的特点。

由于美国较早摆脱了欧洲的殖民统治，在美国城市形态中明显缺乏一些欧洲城市常见的特征。美国城市普遍缺乏欧洲许多城市常见的与君主和宗教相关的大型城市建筑（群），起码从体量和尺度上来说与欧洲不可同日而语。美国城市通常没有皇家宫殿、集中的教堂或宗教建筑区（除去盐湖城）、防御性的城市堡垒、大体量的政府维护的文化设施（当然除去首都华盛顿）等。这意味着大多数美国城市没有一个明显的"前城市化核"，因为它们都是自商业资本主义时代以来建设的新城，贸易是城市生长的主要驱动力。

就研究美国城市形态以理解和解释整个城市的地理结构如何随着时间的变化而演变而言，相关的能够指导研究的一般性原则和思想非常缺乏，同样缺乏的是对本地化的、互相作用的力量和模式的精细与持续的研究，这些力量和模式对整个城市的总体结构和变化有重要影响。尽管有一些小型的关于单个本地化的形态模式的研究，但几乎没有从概念上建立一个一般性的、系统的、有解释力的框架。一方面，城市地理学家所做的关于城市空间功能的分析很少关注建成环境的实际形态；另一方面，将人看作城市建成环境形态塑造者的研究，自然而然地聚焦于导致特定形态的事件和决定，而不会对形态的结果进行持续的、系统化的分析。

解决上述不足的一种途径源自跨文化的思考，引入欧洲关于城市形态的研究传统并将其用于美国的具体情况。一些学者尝试将英国城市形态学研究中提出的概念应用于美国城市形态，这些概念包括形态框架、地块循环和建筑扩张、穿越街道、固定控制线、城市边缘环等。其中，将欧洲大陆的研究思想与传统的美国城市形态分析结合得最紧密、最成功的研究当数 Moudon 对旧金山邻里建筑的研究[28]。这一研究涉及的范围并不大，但非常深入地将住宅建筑的类型与背景性的、互相交织的所在城区的测绘历史关联到了一起。

在对美国城市形态进行一般性思考和研究的同时，必然会产生对特定的、更加专门化问题的研究，这些研究涉及在所有现代城市建成环境中都可以发现的特征，也涉及美国城市独有的特征。自工业革命以来，美国城市的发展就深受崇尚速度和实用主义的文化价值的影响，由此导致许多美国城市的形态特征及其互动关系与世界其他地区的城市不同。当然，这并不否定在全球化背景下，美国城市形态也呈现出许多现代城市在结构和外表上具有的共性。

1.3 描述城市形态的指标

城市形态是复杂的，可以用来描述城市形态的指标很多，本节仅介绍其中一些基本、常用的指标。

1. 城市建筑密度

城市建筑密度指在一个区域内建筑物的总建筑基底面积与该区域的总土地面积之比。城市建筑密度通常用于衡量城市或城市某区域内建筑物的数量和空间利用率。在城市规划设计中，城市建筑密度是重要的考虑因素之一，对土地利用的可持续性和效率有重要的影响。

城市建筑密度的高低取决于多个因素，包括城市规划、建筑设计和土地利用政策等。在某些情况下，提高城市建筑密度可以提高土地利用效率，节省开发成本，并提供更多的公共空间和社区设施。然而，在有些情况下，较高的城市建筑密度可能会导致交通拥堵、环境污染等问题。

城市建筑密度的计算公式为：

$$D = \frac{\text{AREA}_f}{\text{AREA}_b} \tag{1-1}$$

式中：D表示城市建筑密度；AREA_f为建筑基底面积，km^2；AREA_b为城市建成区面积，km^2。

2. 城市建设强度（容积率）

城市建设强度是城市在特定时间内所经历的城市化进程和城市化程度的度量指标，反映了城市化进程的速度和规模，以及城市的经济、社会和环境压力。城市建设强度与建筑学中常用的容积率类似，可定义为城市建成区内建筑总面积与城市建成区面积之比。

城市建设强度的计算公式为：

$$I = \frac{\text{AREA}_c}{\text{AREA}_b} \tag{1-2}$$

式中：I表示城市建设强度；AREA_c为建筑总面积，km^2；AREA_b为城市建成区面积，km^2。

3. 城市道路密度

城市道路密度指城市或城市某区域里的道路总长度与该区域面积的比值。较高的城市道路密度意味着在一定的土地面积里有更多的道路，这通常意味着更便利的交通。城市道路密度是城市规划和交通规划中的重要指标之一，可以用来评估城市交通系统的效率和可持续性，分析交通拥堵的可能性。

城市道路密度的计算公式为：

$$\mathrm{RD} = \frac{L}{A} \tag{1-3}$$

式中：RD表示城市道路密度，km/km^2；L为城市区域里的道路总长度，km；A为城市区域的面积，km^2。

4. 城市开放空间率

城市开放空间率指城市或城市某区域里开放空间的面积占总面积的比例。一般来说，开放空间包括道路、公园、广场、绿地、水域等空间。城市开放空间率反映了城市中自然环境与建筑环境的比例关系。城市开放空间率的大小直接影响城市环境的舒适度和人们的生活质量。较高的城市开放空间率，可以增加城市的绿化面积、减少噪声和空气污染等不良影响，提高城市居民的生活品质。此外，城市开放空间也是城市文化与活动的重要场所，对促进人们的沟通、互动和文化交流起到了积极的作用。在本书中，使用以下公式计算城市开放空间率：

$$\mathrm{OSP} = \frac{\mathrm{OS}}{A} \tag{1-4}$$

式中：OSP为城市开放空间率；OS为开放空间面积，km^2；A为城市区域总面积，km^2。

5. 城市绿地率

城市绿地率指城市某区域里绿地面积与区域总面积的比例。其中，绿地面积指区域内被植被覆盖的土地的总面积，包括公园、绿化带、草坪等。城市绿地率的高低反映了城市的绿化程度。高绿地率的城市，通常绿色植被覆盖率较高，大量的树木、草地等能够吸收二氧化碳和有害气体（如氮氧化物等），净化空气，调节气温，缓解城市热岛效应，提升城市的整体环境品质和居民的生活质量。

城市绿地率的计算公式为：

$$GSR = \frac{GS}{A} \tag{1-5}$$

式中：GSR为城市绿地率；GS为绿地面积，km^2；A为城市区域总面积，km^2。

6. 城市几何形态

城市几何形态指城市外部轮廓的几何学上的特征，直观反映了人类建设活动导致的城市扩张的规律和特征。为了量化城市外部轮廓的几何形态，可借用景观生态学的指标，用圆形率表征城市形态的紧凑和离散程度，用紧凑度表征城市形态的聚集程度，用分维数表征城市外轮廓的边界复杂性，用形状指数表征城市几何形态轮廓的形状特征。

圆形率综合了不规则平面形状的周长和面积的关系，反映了面状形态的紧凑和离散程度，其计算公式为：

$$CR = \frac{4A}{P^2} \tag{1-6}$$

式中：CR为城市的圆形率；A为城市几何形态轮廓内的面积，m^2；P为城市几何形态的轮廓周长，m。当城市几何形态为圆形时，圆形率CR为$1/\pi$；当城市几何形态为正方形时，圆形率CR为$1/4$；当城市几何形态为带形时，圆形率CR小于$1/4$，即图形离散程度越大，圆形率CR值越小。

紧凑度是城市几何形态的重要表征概念，以圆形为标准度量单位，其计算公式为：

$$PCM = \frac{2\sqrt{\pi A}}{P} \tag{1-7}$$

式中：PCM为城市几何形态的紧凑度；A为城市几何形态轮廓内的面积，m^2；P为城市几何形态的轮廓周长，m。

分维数表征城市几何形态的复杂性，在一定程度上反映人类活动对城市几何形态扩张的影响程度，人类活动影响越大，城市几何形态的分维数越小。分维数的计算公式为：

$$FD = \frac{2\ln\frac{P}{4}}{\ln A} \tag{1-8}$$

式中：FD为城市几何形态的分维数；A为城市几何形态轮廓内的面积，m^2；P为城市几何形态的轮廓周长，m。分维数FD在[1, 2]时，其值越大，城市几何形态越复杂。当FD = 1时，城市几何形态的轮廓为最简单的正方形；当FD = 2时，城市几何形态的轮廓为等面积情况下周边最复杂的形状。

形状指数描述了城市几何形态的轮廓特征，即利用城市几何形状与等面积正方形之间的偏离程度来表征城市几何形状的复杂程度。形状指数计算公式为：

$$SI = \frac{P}{4\sqrt{A}} \tag{1-9}$$

式中：SI为城市几何形态的形状指数；A为城市几何形态轮廓内的面积，m^2；P为城市几何形态的轮廓周长，m。形状指数与分维数变化趋势相同，与紧凑度变化趋势相反。其值越小，城市几何形态的轮廓形状越规整，紧凑度越高，边界越趋于简单。当SI = 1时，城市几何形状为正方形。

7. 城市高度均匀性

城市高度均匀性（或不均匀性）指城市中建筑物高度的分布情况，以及不同区域之间的高度差异程度。一座城市中建筑高度的均匀性对城市景观、城市气候、交通流量和能源消耗都会产生影响。

城市高度均匀性可通过城市建筑高度的标准差表征。标准差是对一组数据离散程度的度量，可以反映数据之间的差异性。除了标准差外，还有其他指标可以用来描述城市高度均匀性，如极差、变异系数等。极差是指一组数据中最大值和最小值之间的差异。变异系数是标准差与均值的比值，可以在不同均值之间进行比较，反映出数据的相对离散程度。

城市高度均匀性的计算公式为：

$$H_\sigma = \sqrt{\frac{\sum_{i=1}^{n}\left(H_i - H_{\text{average}}\right)^2}{n}} \tag{1-10}$$

式中：H_σ是城市建筑高度的标准差；H_i是第i栋建筑的高度，m；H_{average}是建筑平均高度，m；n是建筑总数量。

8. 城市天空可视度

城市天空可视度是指城市中人们可以观察到天空的程度。它是反映城市空间结构开阔程度和舒适性的重要指标。城市天空可视度受多种因素的影响，包括建筑物高度、密度、形状、道路宽度和方向等。建筑物高度和密度是影响城市天空可视度的最重要因素。高层建筑和密集的建筑物会阻挡观看天空的视线，减小可视视野，降低城市天空可视度。相反，低层建筑和疏密适宜的建筑物布局能够增加城市天空的可视度。

城市天空可视度的计算公式为：

$$GSVF = 1 - \frac{\sum_{i=1}^{n} \sin a_i}{n} \tag{1-11}$$

$$\sin a_i = \frac{H}{\sqrt{R^2 + H^2}} \tag{1-12}$$

式中：GSVF是城市天空可视度；a_i是第i个方位角时的影响地形高度角，°；n是与缓冲区相交的建筑总数量；H是建筑的高度，m；R为缓冲半径，m。

城市气候的基本概念和数理模型

2.1　相关基础知识

城市气候学的研究涉及多个学科，如建筑学、城乡规划学、气象学、环境学、热力学、流体力学等。因此，在开始研究城市气候学的基本概念和数理模型之前，需要把必需的相关基础知识作一简单但不可或缺的介绍。受限于篇幅，本书不可能覆盖与城市气候学研究相关的所有基础知识，仅选择最基础、最重要的相关内容进行简要介绍。

2.1.1　能量守恒定律和热力学第一定律

能量守恒定律是自然界遵循的一条基本定律，其表述有不同的形式，最常见的一种是：能量既不能被创造也不能被摧毁，只能从一种形式转化为另一种形式。这就意味着，对于任何一个有边界的系统而言，其能量总是一个定值，除非有能量从边界以外输入系统，或者有能量从系统输出至边界以外。

热力学第一定律是能量守恒定律在逻辑上和物理上的自然延伸，其表述是：热是一种能量，任何热力学过程都遵守能量守恒定律。也就是说，热量既不能被创造也不能被摧毁，但是可以从一处转移到另一处且可以和其他形式的能量互相转化。

如图 2-1 所示的系统 S，其边界用虚线表示。该系统内部包含的所有能量记为 E，穿越系统边界的能量可分为两部分：热量 Q 和做功 W。热力学第一定律描述的就是 E、Q、W 之间的关系。伴随着时间的推移和热力学过程的发生，E、Q、W 发生变化。如果系统 S 从外界获得热量，Q 值为正，反之为负；如果外界对系统做功，W 值为正，反之为负。系统 S 的能量 E 发生的变化记为 ΔE，变大为正，减小为负。根据热力学第一定律，可得到式（2-1）：

$$\Delta E = Q + W \qquad\qquad (2\text{-}1)$$

如果图 2-1 中的系统 S 在边界处没有物质交换的发生（但可以有能量交换），这样的系统被称为封闭系统。如果 Q 值为零，即系统 S 既不从外界获得热量，也不向外界释放热量，则系统 S 经历的热力学过程被称为绝热过程。封闭系统和绝热过程这两个概念在本书后续章节会用到。

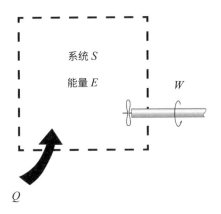

图 2-1　一个有边界的系统 S，其总能量为 E，穿越系统边界的能量为 Q，
外界对系统做功为 W，系统能量变化为 ΔE

　　热力学第一定律是热力学最基础、最重要的定律，同时也反映了热力学研究的一个基本特点：热力学不关注系统总能量的绝对值，而重点研究它的变化，即式（2-1）中的 ΔE。因此，在应用热力学研究具体问题时，经常可以方便地假定被研究的系统的总能量为零（$E = 0$），以此为起点或参照点考察总能量的变化。最典型的例子就是在重力作用下下落的一个小球，它的势能的变化取决于下落的高度差，而与开始下落高度的绝对值无关。

　　系统 S 的总能量 E 可被进一步分解为两类：宏观能量和微观能量。宏观能量指系统 S 作为一个整体，相对于某外部参照系具有的能量，包括动能和势能。微观能量指与系统 S 的分子结构和分子运动程度相关的能量，与外部参照系无关。系统微观能量的总和被称为内能，记为 U。

　　系统因为相对于某一外部参照系运动而具有的能量为动能，用 E_k 表示。如果系统的所有组成部分均以相同的速度 v 运动，则动能可表示为：

$$E_k = \frac{1}{2}mv^2 \tag{2-2}$$

式中：E_k 为系统动能，J；m 为系统的质量，kg；v 为系统运动的速度，m/s。

　　在地球重力的作用下，系统的势能可表示为：

$$E_p = mgz \tag{2-3}$$

式中：E_p 为系统势能，J；m 为系统的质量，kg；g 为重力加速度，m/s^2；z 为系统质心相对于某一参考平面的高度，m。

系统的内能 U 是系统所有微观层面能量的总和，取决于系统的分子结构和分子的运动程度，可以被看作系统分子的动能和势能的总和。

2.1.2 三种传热

热量可以从一个物体转移到另一个物体，也可以在一个物体内部转移，这一现象被称为传热。自然界中的传热有三种形式，分别是热传导、热对流、热辐射。这三种传热的表现形式、发生规律、物理原理和计算方法均不相同，但它们都在城市气候学中有重要的应用。

1. 热传导

热传导是三种传热形式中最常见的一种，在日常生活中随处可见。简单地说，热传导是通过物理接触发生的传热。例如，手握一块冰块，热量从手通过接触传递至冰块；将铁棒的一端置于火上，热量从火传递至铁棒。热传导的物理原理是分子之间的碰撞。高温物体分子运动得更加快速激烈，当其与低温物体接触时，通过分子之间的碰撞使得低温物体的分子运动更加剧烈，就把热量从高温物体传递给了低温物体。

热传导的过程依赖于三个基本因素：温度差、材料与传热方向垂直的截面、材料的导热性能。温度差是热传导的动力，决定了热传导的方向总是从高温侧朝向低温侧。随着热量从高温侧流向低温侧，温度差降低。只要存在温度差，热传导就会持续，直到温度差为零，达到热平衡状态。材料与传热方向垂直的截面决定了有多少材料参与到热传导过程中。截面越大，参与热传导的材料越多，在相同温度差的作用下，热传导的速率就会越慢，反之亦然。材料的导热性能是材料的基本物理属性之一，反映了材料传导热量的能力。导热性能越好，材料传导热量的能力越强。金属、砖、石等材料的导热性能优于木材、空气、水等材料。表2-1给出了一些常见材料的导热系数。

表 2-1　常见材料在温度为 300 K、气压为 1 个标准大气压时的导热系数（W/(m·K)）

金属					非金属					
铁	铝	铜	银	金	空气	水	黏土	玻璃	木材	岩石
80.2	237	401	429	317	0.0263	0.6	1.3	1.4	0.17*	2.15**

注：* 不同树种木材的导热系数不尽相同，同一树种木材沿径向和轴向的导热系数也有所区别。该数值为橡树木材沿轴向的导热系数。

** 该数值为石灰岩的导热系数。

热传导遵循傅里叶定律，见式（2-4）：

$$q = k\frac{T_2 - T_1}{d} \tag{2-4}$$

式中：q 为热传导的速率，W/m²；k 为材料导热系数，W/(m·K)；T_2 为高温侧的温度，K；T_1 为低温侧的温度，K；d 为高温侧到低温侧的距离，m。图2-2显示了在固体材料内部发生的热传导。

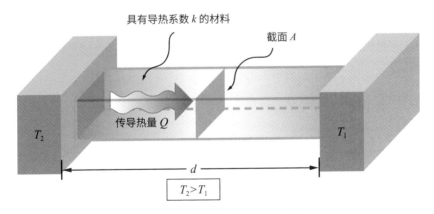

图 2-2　在固体材料内部发生的热传导

2. 热对流

热对流是由流体（气体或液体）的宏观运动带来的热量传递。需要注意的是，热传导发生的物理原理也涉及运动，但这一运动是在微观分子层面的运动，宏观上传递热量的物体或材料是静止的。在流体内部发生的热传递虽然也可能存在少量的热传导，但一般主要是热对流。流体和固体之间也可以通过热对流进行热传递。在日常生活中，烧开水是十分常见的热对流现象（图 2-3）。

图 2-3　水壶中已烧开正在沸腾的水。图中有两个主要的热对流正在发生，
一是水壶内正在沸腾的水，二是沸腾的水和上方的空气

　　根据产生机制，热对流可进一步分为自由热对流和受迫热对流两种。两者的区别在于流体的运动是仅由自身密度的变化造成，还是同时存在其他外力的作用。在真实世界中发生的热对流往往是自由热对流和受迫热对流同时存在，故而称之为混合热对流。

　　自由热对流的一个典型例子如图 2-4 所示，空气流经被加热的一个垂直墙面，由于温度较低的空气密度大，有下沉的趋势，温度较高的空气密度小，有上升的趋势，所以空气沿墙面形成向上的流动，与墙面之间发生自由热对流。在这一过程中，空气的运动完全由其自身密度的变化导致，不存在其他外力，因此是自由热对流。

　　在受迫热对流中，造成流体运动和混合并进而产生热传递的原因是作用在流体上的外力(注意，自由热对流中造成流体运动的原因是重力，严格来说也是一种外力)。日常生活中常见的例子包括：打开悬挂在天花板上的吊扇，促进室内的空气流动和混合，加强热对流；一阵风吹过粗糙的地表，在近地表上空形成很多旋涡，促进地表和近地表上空大气间的热对流。

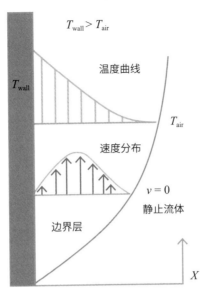

图 2-4　空气流经被加热的垂直墙面，产生自由热对流
（T_{wall} 代表墙面温度，T_{air} 代表空气温度，v 代表空气流动速度）

3. 热辐射

热传导和热对流都需要传热的介质，热传导可以在固体、液体、气体中发生，热对流需要液体和气体的存在。然而，热辐射不需要任何介质，可以在真空中发生，这是热辐射与热传导和热对流根本的区别之一。热辐射本质上是一种电磁辐射，任何温度高于绝对零度（-273.15 ℃）的物体都会发出热辐射。

热辐射主要位于电磁辐射频谱中的红外部分，也包括少量可见光部分。使用热辐射一词，可以与电磁辐射频谱中其他常见的辐射区别开，例如 X 射线、伽马射线、微波等。在我们的日常生活中，热辐射最典型、最重要的例子就是地球接收到的来自太阳的热辐射。在三种传热形式中，热辐射的传播速度最快，为光速，因为其本质就是以光速传播的电磁辐射中的一部分。热传导和热对流的方向总是从高温侧朝向低温侧，但是热辐射可以发生在两个温度相对较高且中间存在一个温度较低的介质的物体之间。例如，来自太阳的热辐射在到达地球表面之前，会经过地球大气层，而大气层中很多地方的温度低于太阳和地球表面。

物体发出的热辐射的大小可用斯特藩-玻尔兹曼公式计算：

$$q = \varepsilon \sigma T^4 \tag{2-5}$$

式中：q为物体向周边发出的热辐射的速率，W/m²；ε为物体的发射率，值在0和1之间；σ为斯特藩－玻尔兹曼常数，值为5.6697×10^{-8} W/(m²·K⁴)；T为物体的温度，K。

考察式（2-5）可知，物体发出的热辐射的速率与其温度（以K为单位）的四次方成正比。因此，伴随着温度的上升，物体发出热辐射的能力迅速上升。这与热传导和热对流有明显区别，热传导和热对流的速率都与温度（差）的一次方成正比。

式（2-5）中的发射率ε反映的是物体表面的辐射特性。当ε等于最大值1时，代表物体表面发出热辐射的能力最大，这种物体被称为理想辐射体或黑体。真实物体的ε总小于1，具体值受物体表面的材料和形态的影响很大。例如，混凝土表面的ε值约为0.9，土壤表面的约为0.95，水表面的约为0.96，光滑的钢材表面的约为0.2。

对于两个表面温度分别为T_1和T_2（$T_1 > T_2$）、发射率分别为ε_1和ε_2的物体来说，彼此之间的净热辐射量可用式（2-6）计算：

$$\Delta q = \varepsilon_1 \sigma T_1^4 - \varepsilon_2 \sigma T_2^4 \qquad (2\text{-}6)$$

一个物体表面接收到的热辐射可能来自一个辐射源，例如地球表面接收到来自太阳的热辐射，也可能来自周围多个不同的辐射源。不论来自一个还是多个辐射源，我们将物体表面单位面积上接收到的热辐射量称为辐照量，用G表示，W/m²。

当物体表面接收到辐射时，一部分能量会被材料吸收并转化成热能。这种物体表面吸收辐射的能力可用吸收系数α来表示，见式（2-7）：

$$G_{abs} = \alpha G \qquad (2\text{-}7)$$

式中：G_{abs}为被物体吸收的辐照量，W/m²；G为物体接收到的辐照量，W/m²；α为吸收系数，取值在0到1之间。

如果吸收系数α小于1且物体表面不透明，部分辐照量会被反射掉。如果物体表面是透明或半透明的，一部分辐照量会透射过去。值得注意的是，α的值取决于辐射的性质，也取决于表面性质。例如，同一物体表面对太阳辐射的吸收系数与其对暖气片散发的热辐射的吸收系数是不同的。

总结以上可知，当辐射到达物体表面时，其能量可分解为三部分，一部分被反射掉，一部分被吸收掉，另一部分则透射过去，这三部分能量之和等于入射的辐射能量（图2-5）。

如图2-5所示，辐射到达物体表面后发生反射、吸收和透射。q_0为入射的辐射能量；q_1为被物体表面反射掉的辐射能量；q_2为被吸收的辐射能量；q_3为透射的辐射能量，单位均为 W/m^2。

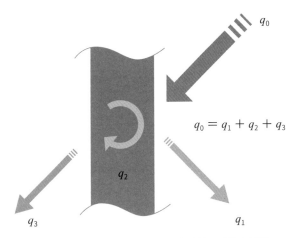

$$q_0 = q_1 + q_2 + q_3$$

图 2-5　辐射到达物体表面后发生反射、吸收和透射

2.1.3　短波辐射和长波辐射

在城市气候学里，区分短波辐射和长波辐射很有意义。任何物体发出的辐射都是全波段或全频谱辐射，即辐射能量分布在从很小到很长的波段上（或从很低的频率到很高的频率上）。图 2-6 显示的是温度不同的一组理想辐射体发出的辐射特征曲线，被称为普朗克曲线，横坐标为波长，单位为 μm，纵坐标为单位波长对应的辐射强度，单位为 $10^7 \, W/m^2$。考察这些理想辐射体的普朗克曲线可以发现以下规律。

● 普朗克曲线为单峰不对称曲线。

● 理想辐射体的温度降低，其普朗克曲线的峰值下移（变小），峰值发生的波长右移（变大）。也就是说，当理想辐射体的温度降低时，其单位波长产生的最大辐射强度降低，对应的波长变长。

● 如果一个物体的普朗克曲线的峰值对应的波长位于短波段，我们将其发出的辐射称为短波辐射，如果位于长波段，则称为长波辐射。注意，短波辐射并不意味着辐射对应的波长都是短波，仅指最大辐射强度发生在短波处。同样，长波辐射并

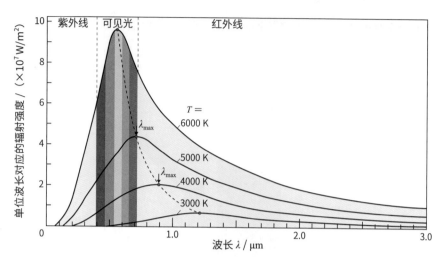

图 2-6　不同温度理想辐射体的辐射特征曲线，即普朗克曲线

不意味着辐射对应的波长都是长波，仅指最大辐射强度发生在长波处。

- 图 2-6 中最上部的曲线是温度为 6000 K 的理想辐射体的普朗克曲线，峰值对应的波长位于短波段，是短波辐射。太阳表面的温度约为 6000 K，因此太阳发出的辐射为短波辐射。

- 在城市气候学研究的物质系统里，除了太阳以外，其余几乎所有物体的温度都在零下几十摄氏度和零上几十摄氏度之间，它们发出的辐射全部都是长波辐射。

2.1.4　层流和湍流

空气和水是我们日常生活中常见的流体。和固体相比，流体最大的特征就是可以流动。流体的流动可以分为两类：层流和湍流。

层流是规则的、均匀的流体的流动。如果将流体想象为由许多流动的质点组成的整体，则在层流中，每个流体质点的运动方向是一致的，流体内部的压力呈现均匀分布，流体不发生明显的混合。流经一个固体平面的层流可以被想象成由多个互相平行的流体薄层组成，最下面的流体薄层与固体平面接触，流速为零，在其上方各流体薄层层层相叠，沿着同一方向流动（但速度可能不同），仿佛是一摞运动中的扑克牌。

在我们的日常生活中，严格意义上的层流并不多见，一个较为接近的例子是轻微打开水龙头后流出的自来水（图2-7），因为压力不大，所以流出的自来水速度较慢，没有明显的混合，自来水水柱内部各处的流速大致相等。一般说来，当容纳流体的渠道（管道）相对较小，流动较缓慢，流体的黏性较大时，层流容易发生。直径较小的石油管道中的石油流动，人体毛细血管里的血液流动等流体现象属于层流。

图2-7　轻微打开水龙头，在水压不大的情况下，流出的自来水速度较慢，呈现层流的特征，
水柱内部的流动较均匀，没有明显的混合

湍流与层流恰好相反，是不规则的、混乱的流体的运动。在湍流中，位于某一空间点位的流体的运动速度处在连续不间断的变化中，包括速度的大小和方向，流动不均匀，杂乱无章，各处的压力也不同，因此导致明显的混合。湍流是自然界中一种非常普遍且十分复杂的物理现象，流动的河水、海水、空气等，在大多数情况下都以湍流的形式流动。如果我们仔细观察一条河（图2-8），就会发现河中有很多旋涡，河水局部的流动杂乱无章，混合非常明显，但在总体上朝着下游的方向流去。

图2-9显示的是流体（如空气）流经一个固体平面时产生的边界层，其中既包括层流，也包括湍流。流体以u的速度流经固体平面，首先产生长度为x_c的层流段。在层流段里，流休的流动速度可以分解为沿x方向的u和沿y方向的v。由于v的方向与固体平面垂直，所以能够促使热量、动量、物质等在边界层里的传递。在层流段x_c结束后，流体会经过较短距离的过渡段，发展变化为湍流，出现大量旋涡，流

体高度混合。由于这些旋涡和混合，湍流内部热量、动量、物质的交换要远比层流内部显著和快速，而且湍流边界层的厚度明显大于层流边界层。

图2-8　河中流动的河水，呈现明显的湍流特征，有许多旋涡，河水在局部混合明显，
但总体上朝着下游的方向流去

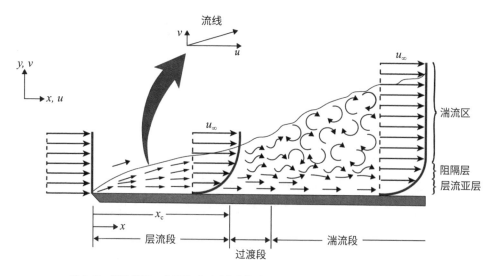

图2-9　流体流经一个固体平面时产生的边界层，包括层流段、过渡段和湍流段

2.2 城市气候的基本概念

2.2.1 地球的大气层

地球是人类的家园，是太阳系中已知唯一存在生命的行星。地球能够孕育生命，能够进化出人类并支撑文明的产生和发展，与地球的大气层息息相关。可是，地球并不是太阳系中唯一有大气层的行星，火星、金星、木星、土星、天王星、海王星都有大气层。事实上，水星是太阳系八大行星中唯一可以被称为"没有"大气层的行星，因为它的大气层非常稀薄，且不断地受到太阳风和陨石的冲击而逃逸[1]。地球大气层的独特性在于它的组成和结构，为生命的诞生和发展创造了至关重要的环境条件，并和其他一些要素共同塑造了稳定的天气状态——气候。

1. 地球大气层的组成

地球大气层的主要成分是空气。空气是一种混合气体，主要由氮气和氧气构成，按照体积比计算，氮气占比约78%，氧气占比约21%，两者相加占到空气的99%。空气中剩余的1%由多种其他气体构成，包括约0.93%的氩气，约0.04%的二氧化碳和其他占比极低的氦气、氢气、氖气、氪气、甲烷、臭氧、水蒸气等（图2-10）。

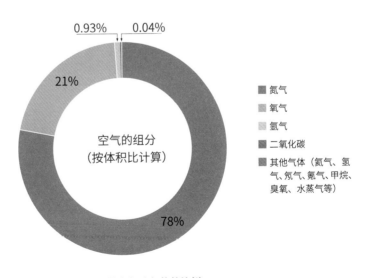

图2-10　空气的各组分气体的比例

对人类和地球上的生命而言，空气中的氧气是最重要的。然而，空气中的很多其他组分气体，虽然含量很低，却对空气的性质有着重要的影响，进而显著影响着地球的气候，代表性的例子就是空气中的温室气体。

温室气体是一类气体的总称，这些气体的共性特点是能够存在于地球大气中并促进热量在大气中的积聚。根据1997年于日本京都召开的《联合国气候变化框架公约》第三次缔约方大会中所通过的《京都议定书》[2]，温室气体包括二氧化碳、甲烷、氧化亚氮、氢氟碳化合物、全氟碳化合物、六氟化硫六种（类）气体。

温室气体能够促进热量在大气中的积聚，从而造成以全球平均温度升高为特征的气候变化，这是目前人类面对的重大挑战之一。在以亿年为单位的漫长的地球历史上，大气中的温室气体含量长期保持着相对的稳定。但是，自人类社会进入工业化时代以来，在过去的百余年间，由于广泛使用化石能源（石油、煤炭等），人工排放的大量温室气体进入地球大气层，导致大气中的温室气体含量显著上升，全球暖化明显，带来了一系列严重的自然、社会、经济问题。图2-11显示了从80万年前到2015年，地球大气中CO_2浓度的历史变化趋势。可以看出，地球大气中CO_2浓度在历史上虽然有所变化，但总体保持在200 ppm和250 ppm之间，呈现上下波

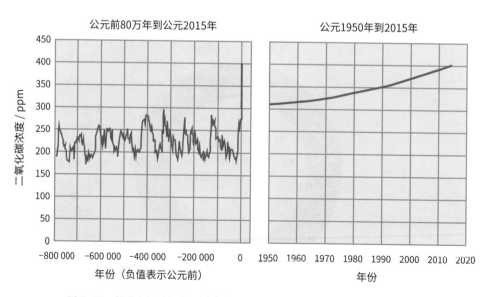

图2-11 地球大气层中CO_2浓度的历史变化趋势，从80万年前到2015年

动的有规律的变化。但是，这一规律在最近约 100 年的时间里被打破，CO_2 浓度显著上升，在 20 世纪 50 年代突破了 300 ppm，在 1990 年前后突破了 350 ppm，到 2015 年更是达到了 400 ppm。

2. 地球大气层的垂直结构

如前节所述，地球大气层由空气构成，空气是一种混合气体，包括约 78% 的氮气、约 21% 的氧气和含量不一的多种其他气体。这一比例构成是对整个地球大气层的平均状态而言，事实上，地球大气层中空气及其中所含各种气体的分布是很不均匀的，在水平和垂直方向均存在变化，尤以垂直方向的变化最为显著。地球大气层在垂直方向上组分的变化及其带来的性质的变化被称为大气层的垂直结构，对于全球气候和城市气候的形成有重要的意义。

从高度来说，地球大气层的顶部（或最外侧边缘）距离地表可达 10 000 km。在这一高度以下，地球大气层可在垂直方向分为五层，由低到高分别是：对流层、平流层、中间层、热层、散逸层。图 2-12 显示了地球大气层的垂直结构和各层的主要特征。

对流层是大气层最底部的一层，从地表延伸至约 12 km 高处。这一高度是全球平均值，具体到地球的某一位置会有所变化。在南北两极，对流层的顶部高度较低，约 8 km，在赤道则较高，可达到 18 km。相较整个大气层，对流层是很薄的一层。然而，该层集聚了整个大气层所含空气的约 80%、所含水蒸气的约 99%、所含气溶胶的约 99%。因此，对流层对于地球上的生命而言至关重要，也是我们所熟悉的气象活动发生的主要场所，绝大多数的云、雨、雪等气象活动都发生在对流层里。在上部气体压力的作用下，对流层的密度是大气层各层中最大的，显著超过其他四层。除了水蒸气的含量随着高度的上升迅速下降外，空气中的其他气体在对流层中的分布总体上较为均匀。对流层中的空气温度随着高度的上升而下降，海拔高度每升高 1 km，温度下降约 6.5 ℃。人类的绝大多数飞行活动发生在对流层和对流层与平流层的交接部里。

对流层之上为平流层，其顶部高度距离地表约 50 km。平流层重要的性质之一是它包含了一种重要的气体——臭氧。臭氧能够有效吸收来自太阳的紫外线辐射，保护人体不受到伤害。正是因为臭氧对太阳紫外辐射的吸收效应，平流层中的温度

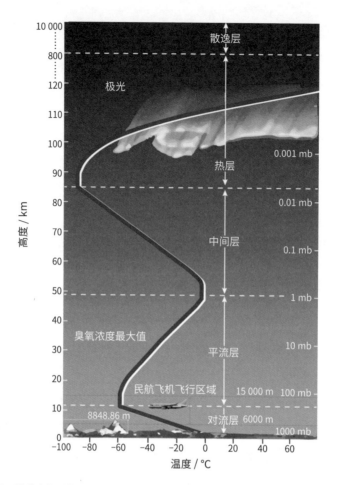

图 2-12　地球大气层的五层垂直结构，自下而上分别是对流层、平流层、中间层、热层、散逸层

随着高度的上升而升高，与对流层中的温度变化呈现相反的趋势。平流层中几乎没有云、雨、雪等气象活动，是喷气式飞机所能到达的大气层最高处。

平流层之上为中间层，顾名思义，它是大气层垂直方向五层中的中间一层。中间层从平流层的顶部延伸至距地表约 80 km 高处。中间层里的温度变化呈现出与对流层同样的趋势，即随着高度的上升温度下降。在中间层的顶部，平均温度低至零下 85 ℃，是地球系统里能找到的温度最低值。中间层里发生的另一个有趣的现象是夜光云，又名极地中气层云。夜光云是由中间层顶部极其稀少的水蒸气所形成的云，是大气层中发生位置最高的云。在一定的时间和一定的条件下，我们甚至可以用肉眼看见中间层顶部的夜光云。民航客机、喷气式战斗机等飞机无法在中间层里飞行，但由火箭提供推力的飞行器可以到达这里。

中间层之上为热层，顶部距离地表约 800 km。热层得名于该层里很高的温度，可高达 1200 ℃。热层里的空气极其稀薄，少量气体分子受到来自太阳的紫外线、伽马射线、X 射线的辐射，被电离而呈现离子态。热层温度很高也是由于这些气体分子吸收了来自太阳的高能辐射。需要注意的是，由于热层里的空气极其稀薄，气体分子数量很少，所以热层里的"高温"和我们通常生活中熟悉的高温并不相同。中国的天宫系列空间站和世界上其他国家的空间站就在热层里绕地球飞行。我们所熟悉的北极光和南极光现象也发生在热层里。

热层之上为散逸层，这是地球大气层中最顶部的一层，是大气向外太空真空的过渡，由于这里的气体分子受到地球引力的束缚很小，不断向外太空散逸，故而得名。散逸层从热层的顶部开始，向上延伸所能达到的具体高度已很难明确，一般认为可到达距地表约 10 000 km 的高处。散逸层里的空气极其稀薄，因为所含气体分子数量极少，在宏观上已无法呈现气体的状态和性质。散逸层里不存在任何气象活动，但是北极光和南极光现象有可能出现在散逸层的底部。绝大多数人造卫星在散逸层里运行。

上述五层是地球大气层的垂直结构，按照这一结构，地球大气层一直延伸到距地表约 10 000 km 的高空处。但是，我们通常所说的"太空"的起点高度比这个低很多。尽管很难精确定义哪里是地球系统和太空的分界线，但大多数科学家都习惯使用卡门线（Kármán line）进行划分。卡门线得名于世界航空航天领域的先驱，匈牙利裔美国科学家和工程师冯·卡门。卡门线是一条虚拟的界线，位于距地表约 100 km 的高空处。在这条线以下，人造飞行器可以借助大气提供的升力飞行，但在这条线之上，必须采用不依赖空气升力的推进系统才能飞行。就物质含量来说，整个地球大气层所含空气的 99.999 97% 位于卡门线以下。

2.2.2　天气和气候

天气和气候是本书涉及的两个重要概念，它们之间有密切的联系，又有着明显的区别，区别的关键在于两者的时间尺度不同。

天气是我们日常生活中熟悉的、使用较多的概念，指的是在较短时间里地球大气的状态和活动，时间尺度通常为天、小时，乃至分钟。在这些时间尺度里出现或发生的温度高低变化、晴朗、多云、雨、雪、风、雾等都属于天气。天气预报就是对未来较短时间里可能出现的天气的预测。

气候和天气一样，研究的也是地球大气的状态和活动，但其时间尺度相对较长。简单地说，气候描述的是一个地区天气长期的、稳定的变化规律。有些科学家将气候定义为一个地区在 30 年或更长时间里的平均天气，研究和关注的指标包括平均温度、平均湿度、平均降水、平均日照、平均风速等。例如，科学家可以通过观测记录某地区在某个夏季的降水量、湖泊和水库的水位等，来判断这个夏季是否比通常情况更加干燥。但是，仅靠一个夏季的观测数据，不足以得出该地区气候变化的结论。如果这一情况持续在多个夏季稳定地出现，则可以推断该地区的夏季气候出现了变化，变得更加干燥。由此可知，目前的全球变暖应该被称为气候变化，而不是天气变化。

本书的研究内容不包括短期的降雨、降雪、大风、冰雹等天气现象，而主要关注城市中较长期、较稳定的温度、日照、风场（以及与之密切关联的大气污染物）等变化的规律和机理，即城市气候。

2.2.3　"地–气"（EA）系统

城市气候及一般性气候是地球大气里的现象，更具体地说，是地球大气层中的对流层里的现象。然而，城市气候学研究的基本物质系统不仅仅是大气，而是由地表、地表下方的土壤和地表上方的大气共同构成的"地–气"系统，即"Earth-Atmosphere"系统，简称 EA 系统。EA 系统是城市气候学研究的基本物质系统，这是因为，EA系统里发生的能量、物质、动量的交换是特定城市气候形成的根本原因和动力机制。通过研究 EA 系统里发生的能量、物质、动量的交换，我们就能够认知并理解城市气候的特征和变化规律，并建立数理模型描述这些特征和变化规律。

EA 系统可分为三类，分别是简单 EA 系统（图 2-13a）、复杂 EA 系统（图 2-13b）、城市 EA 系统（图 2-13c）。

1. 简单 EA 系统

一片平坦、均匀、裸露、面积较大的土质场地，这片场地和它之上的大气就构成了一个简单EA系统。这个简单EA系统包括地表下的土壤、地表上方的大气、地表。

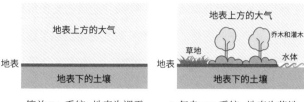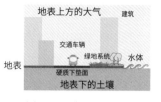

| a 简单 EA 系统，地表为裸露的土壤 | b 复杂 EA 系统，地表为草地、灌木、乔木、水体等 | c 城市 EA 系统，除自然地表外，还存在人工修建的硬质下垫面 |

图 2-13　简单 EA 系统、复杂 EA 系统和城市 EA 系统

其中，地表本质上是一个交界面，自身并不具备实体化的物质属性，但它是该系统里物质、能量、动量交换的重要场所，地表下的土壤和地表上方的大气是参与物质、能量、动量交换的实体。

2. 复杂 EA 系统

前述的简单 EA 系统只有两种构成，即土壤和大气，地表实际上是土壤和大气的交界面。如果地表上存在其他自然构成，如草地、灌木、乔木、水体等，简单 EA 系统就变成了复杂 EA 系统。复杂 EA 系统之所以复杂，是因为地表上存在的自然构成显著改变了物质、能量、动量交换的规律，与简单 EA 系统相比复杂许多。

3. 城市 EA 系统

简单 EA 系统和复杂 EA 系统都只包括自然要素，并未受到任何人工的影响。但是，城市 EA 系统则在自然要素之外增加了大量人工要素，从而形成了比复杂 EA 系统更加复杂的城市 EA 系统。城市 EA 系统里人工要素的影响主要体现在三方面：① 改变了 EA 系统里地表的性质；② 改变了 EA 系统里物质空间的形态；③ 带来了新的能量和物质的来源。

（1）城市 EA 系统里人工要素改变了地表的性质

简单 EA 系统的地表是裸露的土壤表面，复杂 EA 系统的地表是草地、灌木、乔木、水体等，所有的这些地表都是自然而非人工形成的。城市 EA 系统的地表在这些情况之外又增加了许多新的可能，典型的例子就是人工修建的道路、广场、铺地等，这些被统称为城市的下垫面。城市 EA 系统里人造的这些下垫面普遍都是硬质的，使用的材料多种多样，常见的包括混凝土、砖、石、沥青、砂土等，除此以外，还有橡胶、玻璃等相对少见的材料。这些材料的物性与简单 EA 系统和复杂 EA 系统里的材料有很大不同，显著改变了城市 EA 系统地表处能量、物质、动量的交换规律，极大地影响了城市 EA 系统的气候。需要注意的是，城市 EA 系统的地表除了这些人工修建的下垫面材料外，仍然有大量裸露的土壤、草地、灌木、乔木、水体等这些在简单 EA 系统和复杂 EA 系统里出现的地表类型。当然，城市 EA 系统里的这些地表类型与简单 EA 系统和复杂 EA 系统不同，也可能是人工种植的，如行道树、人工湖等。

（2）城市 EA 系统里人工要素改变了物质空间的形态

简单 EA 系统和复杂 EA 系统从物质空间的形态来说比较简单。简单 EA 系统的地表上空就是大气，形态十分均匀也极其简单。复杂 EA 系统的地表如果有灌木和乔木的话，物质空间形态稍微复杂些，但也比较容易描述和处理。但是，城市 EA 系统里存在大量的建筑、构筑物和公共空间，所形成的物质空间的形态非常复杂、富于变化、异质性强。城市 EA 系统里复杂的物质空间形态对系统内部和跨系统边界的能量、物质、动量的交换有重要的影响，正是这一影响改变了系统里的气候。

（3）城市 EA 系统里人工要素带来了新的能量和物质的来源

简单 EA 系统和复杂 EA 系统的主要能量来源是太阳辐射，主要水分来源是地表及植被等蒸发进入大气的水蒸气，主要污染物来源是自然形成的能够以气溶胶形式存在于大气中的颗粒物。城市 EA 系统除了这些能量和物质的来源外，人工要素产生了许多新的能量和物质的来源。典型的例子包括：城市中大量建筑的空调室外机夏季向室外排放热量，冬季向室外排放冷量（图 2-14a）；汽车等交通运输工具尾气排放的热量和污染物（图 2-14b）；居民炊事和餐饮服务产生的油烟（图 2-14c）；工业生产向大气排放的热量和污染物（图 2-14d）。这些都是人工要素造成的能量和物质的来源，进入城市 EA 系统，参与城市气候的形成。

a 建筑空调室外机夏季向室外排放热量，
冬季向室外排放冷量

b 汽车等交通运输工具尾气排放的热量和污染物

c 居民炊事和餐饮服务产生的油烟

d 工业生产向大气排放的热量和污染物

图 2-14　城市 EA 系统里人工要素产生的能量和物质的排放

2.3 EA 系统里能量和物质的传递与平衡

2.3.1 全球 EA 系统里能量的传递与平衡

1. 太阳短波辐射进入地球大气层后的传递与平衡

地球上的一切能量均来自我们的母恒星——太阳，我们日常生活中熟悉并经常使用的能源，包括石油、煤炭、天然气、生物质能、核能、风能等，归根到底都来源于太阳。太阳也是决定地球上的气候（不论大尺度的全球气候还是小尺度的城市气候）形成和变化规律的根本原因。太阳的能量以辐射的方式到达地球，进入大气层后会发生多种形式的传递和交换，有些到达地表，有些被大气吸收，有些被反射回外太空而离开地球。太阳辐射能量进入大气层后的传递规律是理解和研究城市气候的基础。

图 2-15 显示了按照全年全球平均状态计算，太阳辐射能量进入地球大气层后的传递规律，以及与太阳辐射能量传递伴随的 EA 系统里长波辐射能量传递的规律。因此，图 2-15 表示了地球 EA 系统里辐射能量的传递规律，以及辐射能量传递和其他形式能量传递之间的平衡。

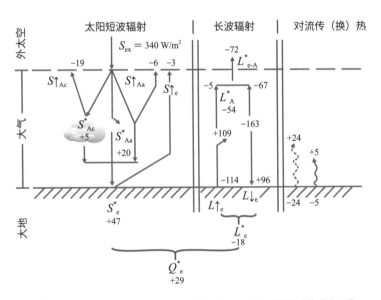

图 2-15 按照全年平均状态计算的地球整体 EA 系统里的能量传递与平衡

图中的字母 S 代表太阳的短波辐射；L 代表 EA 系统里除太阳短波辐射以外的所有辐射，因为这些辐射均来自温度较低（与太阳相比）的物体（如地表、大气等），所以属于长波辐射；上标 * 代表经过平衡后的净能量；下标 A（Atmosphere）代表大气；下标 c（cloud）代表云；下标 a（air）代表空气；下标 Ac 代表大气中的云，下标 Aa 代表大气中的空气；下标 e（earth）代表大地；下标 ex（exterior）代表地球系统以外的外太空；字母后向上的箭头代表辐射能量传递的方向朝上，向下的箭头代表辐射能量传递的方向朝下。

图中上部的水平虚线代表地球大气层的顶部，下部带短斜线的实线代表地表。因此，该图在垂直方向被划分为三部分：上部的外太空、中部的大气和下部的大地。在水平方向，该图也被分为三部分，由两组垂直向的双实线分隔。左侧表达的是太阳短波辐射的传递，中间是长波辐射的传递，右侧是除辐射以外的能量传递方式，主要是对流传（换）热。

首先考察太阳短波辐射的传递。来自太阳的短波辐射经过外太空到达地球大气层的顶部，记为 S_{ex}，按照全年全球平均计算，其值约为 340 W/m^2。将这一数值定义为 100%，图 2-15 中的其他数值代表相对于这一数值的百分比，获得能量记为正，失去能量记为负。例如，S^*_{Ac} 的数值为 +5，这就表示大气中的云吸收获得了太阳短波辐射能量，值为 340 W/m^2 的 5%，即 17 W/m^2（全年全球平均值，下同）。

S_{ex} 进入地球大气层后，一部分被大气中的云吸收，记为 S^*_{Ac}，前文已解释；另一部分被大气中的云反射而返回外太空并离开地球系统，记为 $S\!\uparrow_{Ac}$，值为 –19，即失去 340 W/m^2×19% = 64.6 W/m^2 的能量；第三部分被大气中的空气吸收，记为 S^*_{Aa}，值为 +20，即获得 340 W/m^2×20% = 68 W/m^2 的能量；第四部分被大气中的空气反射而返回外太空并离开地球系统，记为 $S\!\uparrow_{Aa}$，值为 – 6，即失去 340 W/m^2×6% = 20.4 W/m^2 的能量。至此，来自太阳到达地球大气层顶部的短波辐射能量完成了在大气中的传递，一部分被云吸收，一部分被云反射，一部分被空气吸收，一部分被空气反射，这四部分加起来正好占 S_{ex} 的一半，即 50%，剩下的一半则穿过大气到达地表。到达地表的太阳短波辐射能量，一部分被地表吸收，记为 S^*_e，值为 +47，即获得 340 W/m^2×47% = 159.8 W/m^2 的能量；另一部分被地表反射而返回外太空并离开地球系统，记为 $S\!\uparrow_e$，值为 – 3，即失去 340 W/m^2×3% =

10.2 W/m² 的能量。至此，太阳短波辐射能量进入地球大气层后的传递解释完毕。

2. 长波辐射能量的传递与平衡

图 2-15 在垂直方向的中间部分表示 EA 系统里按照全年全球平均计算的长波辐射能量的传递与平衡。在 EA 系统里，除了来自太阳的短波辐射（包括直接来自太阳的和被 EA 系统里的物质吸收或反射的）外，其余绝大多数物体发出的辐射均为长波辐射，这是因为它们的温度远低于太阳温度。

地表发出的长波辐射记为 $L\uparrow_e$，值为 -114，即失去 340 W/m²×114% $= 387.6$ W/m² 的能量。$L\uparrow_e$ 中的一部分被大气吸收，值为 $+109$，即获得 340 W/m²×109% $= 370.6$ W/m² 的能量；另一部分穿过大气进入外太空，值为 -5，即失去 340 W/m²×5% $= 17$ W/m² 的能量。在地表发出长波辐射的同时，大气也发出长波辐射，值为 -163，即失去 340 W/m²×163% $= 554.2$ W/m² 的能量。这部分能量一部分向下朝向地表，另一部分向上离开地球系统进入外太空。向下朝向地表的部分被地表吸收，记为 $L\downarrow_e$，值为 96，即获得 340 W/m²×96% $= 326.4$ W/m² 的能量；向上离开地球系统进入外太空的部分值为 -67，即失去 340 W/m²×67% $= 227.8$ W/m² 的能量。

考察地表处的长波辐射能量平衡，自身失去 114，获得 96，所以净值为 -18，记为 L^*_e，即获得 340 W/m²×18% $= 61.2$ W/m² 的能量。对于大气而言，自身长波辐射发出 163，从地表获得 109，所以净值为 -54，即失去 340 W/m²×54% $= 183.6$ W/m² 的能量。在大气层的顶部，整个 EA 系统以长波辐射的形式向外太空发出 $-5-67 = -72$，即失去 340 W/m²×72% $= 244.8$ W/m² 的能量。至此，EA 系统里的长波辐射能量传递和平衡分析完毕。

3. 除辐射以外的能量的传递和平衡

将太阳短波辐射和长波辐射放在一起考虑，地表以短波辐射的方式获得 S^*_e，值为 47，即获得 159.8 W/m² 的能量，以长波辐射的方式获得 L^*_e，值为 -18，即失去 61.2 W/m² 的能量。因此，按照全年全球平均计算，地表将会以辐射的方式净获得 $(159.8-61.2)$ W/m² $= 98.6$ W/m² 的能量。由此产生一个问题，因为地表在不断地获得辐射能量，其温度应该逐渐上升，但为什么全球地表的温度总体上呈现稳定的状态呢？

上述问题回答的关键在于，EA 系统里除了辐射外，还存在其他方式的能量传递和平衡。图 2-15 最右侧代表的是 EA 系统里除辐射外的其他方式的能量交换，主要是对流传（换）热。实线箭头代表显热对流换热，虚线箭头代表潜热对流换热。按照全年全球平均，地表以显热对流换热的方式向大气传递能量，值为 5，即 340 W/m²×5% = 17 W/m²，以潜热对流换热（主要是蒸发换热）的方式向大气传递能量，值为 24，即 340 W/m²×24% = 81.6 W/m²。这两部分能量交换对于地表来说是能量损失，对于大气来说是能量获得。

由上可以发现，地表以辐射的方式获得 98.6 W/m² 的能量，与此同时，以显热对流换热和潜热对流换热的方式损失了（17 + 81.6）W/m² = 98.6 W/m² 的能量，两者正好平衡。因此，地表温度保持稳定，不会逐渐升高。

4. 对 EA 系统里全球能量交换的小结

根据上述按照全年全球平均计算的 EA 系统里能量传递和平衡规律及具体数值，可以得出以下重要结论。

● 地球获得大量来自太阳的短波辐射能量。在地球大气层顶部，按照全年全球平均计算，每 1 m² 的面积接收到约 340 W 的太阳短波辐射能量。这一功率足以运行 6 台笔记本电脑（每台功率 50～60 W），可以为 40 m² 的普通办公空间提供照明（照明功率密度约 8 W/m²），甚至可以驱动一个容量为 2 L 的小型电饭煲。

● 地球大气对太阳短波辐射来说是"半透明"的。来自太阳的短波辐射能量中的一半可以穿过大气，到达地表，因此，可以形象地说地球大气对太阳短波辐射来说是"半透明"的。

● 约有四分之一来自太阳的短波辐射能量被反射回外太空并离开地球，另外四分之三留在了 EA 系统中。图 2-15 中的 $S\uparrow_{Ac}$、$S\uparrow_{Aa}$、$S\uparrow_e$ 分别代表被大气中的云、大气中的空气、地表反射回外太空并离开地球的太阳短波辐射能量，三者之和占 $S\downarrow_{ex}$ 的 28%，约等于四分之一。剩余的太阳短波辐射能量留在了 EA 系统中，分别被大气中的云、大气中的空气、地表吸收，总和占 $S\downarrow_{ex}$ 的 72%，约等于四分之三。

● 约有一半来自太阳的短波辐射能量被地表吸收。图 2-15 中的 S^*_e 代表被地表吸收的太阳短波辐射能量，值为 + 47，即获得 340 W/m²×47% = 159.8 W/m² 的能量，约占 $S\downarrow_{ex}$ 的一半。因此，全年全球平均而言，每 1 m² 的地表接收到约 160 W 的太阳短波辐射能量，这是一个相当大的数值，证明了地球上利用太阳能大有潜力。

- 如果仅考虑辐射，地表净获得能量，大气净损失能量。但因为在 EA 系统里还存在其他能量传递和平衡的机制，所以按照全年全球综合计算，地表和大气均处于能量平衡状态。

- EA 系统里水分的存在对于能量交换有着重要的影响，这通过对比地表和大气之间的潜热对流换热和显热对流换热就可以看出，前者是后者的近 5 倍（81.6 W/m^{2}对 17 W/m^2）。正是由于水分的存在，才产生了大量的地表与大气间的蒸发换热，抵消了地表因辐射而净获得的能量，实现了全年全球地表处得失能量的总体平衡。

- 最后需要注意的是，前述的所有数据和分析都是针对全年全球的平均状况而言的。对某一时间段里的局地 EA 系统而言，能量传递和平衡可能与上述规律显著不同。例如，夏季的白天，某局地 EA 系统的地表会吸收大量来自太阳的短波辐射能量，尽管地表发射长波辐射并通过蒸发向大气损失能量，但不足以抵消吸收的太阳短波辐射能量，所以总体上处于净获得能量的状态，从而导致温度逐渐升高。

2.3.2　全球 EA 系统里物质的传递和平衡

全球 EA 系统里物质的传递和平衡指的主要是水的传递和平衡。水的存在对于大尺度气候和城市气候的形成有着重要的影响，同时水还是地球生命存在的基本条件，这是由于水这一物质具有以下重要的特性。

- 水的比热容很高，达到 4.2 kJ/(kg·K)，即将 1 kg 水的温度升高 1 K（或 1 ℃），需要 4.2 kJ 的热量。水的比热容比很多常见的物质和材料都要高，例如，木材的比热容约为 1.2 kJ/(kg·K)，砖的比热容约为 0.95 kJ/(kg·K)，干燥土壤的比热容约为 1.8 kJ/(kg·K)。水的高比热容这一特性决定了水的温度不易变化，较为稳定，有利于生命的存在和发展。

- 水是地球 EA 系统里少有的同时以三相存在的物质。在地球 EA 系统的自然条件下，我们可以很容易地找到液态水（河流、湖泊、海洋的水）、气态水（大气中的水蒸气）和固态水（冰、雪）。水在固、液、气三相间互相转化时，会伴随大量的热量交换。在一个大气压下和 0 ℃ 时，从冰到水的融化需要吸收 0.33 MJ/kg 的热量。在一个大气压下和 100 ℃ 时，从水到水蒸气的沸腾需要吸收 2.5 MJ/kg 的热量。

而直接从冰到水蒸气的升华则需要吸收约 2.8 MJ/kg 的热量。相反地，从水蒸气到水的凝结，从水到冰的结冰，会释放出大量的热量。水的这一特性决定了它会对地球 EA 系统里能量的交换产生重要的影响，因此会显著影响气候。

按照全年全球平均计算，EA 系统里水的传递和平衡如图 2-16 所示。全球全年由地表进入大气的总蒸发量为 E，约为 1040 mm，将该值计为 100%，图 2-16 中的各数值均为相对于该值的百分数。这些蒸发来自海洋、湖泊、河流、湿地、土壤、植被等，其中来自海洋的蒸发量 E_O 占总蒸发量 E 的 86%，其余 14% 为来自陆地的蒸发量 E_L。从大气迁移至地表的水量用 P 表示，这一迁移主要以降水的形式发生，包括雨、雪、冰雹、结露等，总量与 E 相等，为 1040 mm。其中，从海洋上空的大气以降水的方式进入海洋的水量 P_O 占 80%，从陆地上空的大气以降水的方式进入陆地的水量 P_L 占 20%，两者之和占 100%。因此，全球全年从地表以蒸发的方式进入大气的水量和从大气以降水的方式回到地表的水量相等，均为 100%，实现平衡。

虽然全球全年大气和地表之间的水传递是平衡的，即总蒸发 E 等于总降水量 P，但如果将陆地和海洋区分开来进行研究就会发现，大气和地表之间的水传递并不平衡，存在其他传递机制。由图 2-16 可知，全年从海洋以蒸发的方式进入大气的水量 E_O 占 86%，而全年从大气以降水的方式回到海洋的水量 P_O 占 80%，两者之间存在 6% 的差异。另一方面，全年从陆地以蒸发的方式进入大气的水量 E_L 占 14%，而全年从大气以降水的方式回到陆地的水量 P_L 占 20%，两者之间也存在 6% 的差异。因此，陆地由于降水量超过蒸发量，全年净获得 6% 的水量，这些水不会在地表积蓄，

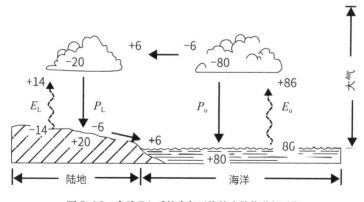

图 2-16　全球 EA 系统全年平均的水的传递与平衡

而是以地表径流的方式从陆地回到海洋。同理，海洋上空的大气通过蒸发获得的水量超过因为降水损失的水量，全年净获得 6% 的水量，这些水分将通过大气环流、海陆风等形式，从海洋上空的大气进入陆地上空的大气，再以降水的方式回到地表。

2.3.3 局地 EA 系统里能量和物质的传递与平衡

2.3.1 和 2.3.2 小节讨论了全球 EA 系统里物质和能量的传递与平衡，以年为时间单位考察，不论能量的传递还是物质的传递，都处于总体平衡状态。但是，局地 EA 系统的情况很不一样，能量和物质的传递通常不处于平衡状态，这就导致能量和物质在局地 EA 系统里累积或损失，进而造成温度、湿度等气候表征参数的变化。

1. 局地 EA 系统里能量的传递与平衡

在研究局地 EA 系统能量的传递与平衡之前，需要引入一个城市气候学里重要的概念——理想地表。理想地表是指一片平坦的、匀质的、足够大的地表。例如，一片标准足球场大小的、平坦的、表面为均匀的裸露土壤的场地，就可以被认为是一个理想地表（图 2-17a）。理想地表的表面不一定非要是裸露的土壤，低矮且均匀的草地也可以被认为是理想地表（图 2-17b）。从能量和物质传递的角度来说，理想地表最重要的特性是传递发生在垂直方向，在水平方向发生的传递很少，可以忽略不计。理想地表与其上方的大气和下方的土壤一起，构成了最基本、最简单的 EA

水平方向 ≈ 0

垂直方向　物质和能量传递

水平方向 ≈ 0

a 平坦、均匀的裸露土壤　　　b 平坦、均匀、低矮的草地

图 2-17　理想地表

系统，是城市气候学研究的物质系统的起点和基础模型。

图 2-18 展示的是夏季在北半球中高纬度地区一个简单 EA 系统里进行的气候实测结果，地表为低矮草地构成的理想地表。图中的 $S{\downarrow}$ 代表来自太阳向下入射到地表的短波辐射，$S{\uparrow}$ 代表地表向上反射的短波辐射，$L{\downarrow}$ 代表来自大气向下入射到地表的长波辐射，$L{\uparrow}$ 代表地表发射的以及反射的向上的长波辐射，Q^* 代表地表处既考虑短波辐射也考虑长波辐射，获得能量和失去能量平衡后的辐射净能量。

图中的横坐标为一昼夜 24 小时，纵坐标为能量流密度，单位 W/m^2。先考察来自太阳的短波辐射 $S{\downarrow}$，从午夜 0 点到早上 6 点，因为太阳尚未升起，所以 $S{\downarrow}$ 为零。从 6 点开始，$S{\downarrow}$ 迅速上升，到 14 点左右达到最大值，约为 $850\ W/m^2$。此后，$S{\downarrow}$ 迅速下降，到 21 点左右降为零。

$S{\uparrow}$ 为被地表反射的太阳短波辐射，所以其值为 $S{\downarrow}$ 乘以地表的反射系数 α，见式（2-8）。严格来说，由于温度等变化，式（2-8）中的地表反射系数 α 在一天当中是变化的，但变化不大，所以我们可以假定其为一个定值。因此，从一昼夜的变

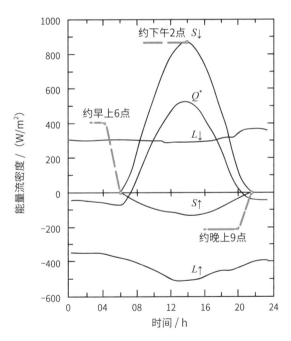

图 2-18　夏季北半球中高纬度地区某理想地表处在一天 24 小时里的短波辐射能量、
长波辐射能量、辐射净能量实测值
（改绘自参考文献 [3]）

化趋势上看，$S\uparrow$ 的相位正好与 $S\downarrow$ 相反。图 2-18 中 $S\uparrow$ 为负值表示对地表来说，$S\uparrow$ 是能量的损失。

$$S\uparrow = \alpha S\downarrow \tag{2-8}$$

由图 2-18 可以看出，大气向地表发射的长波辐射 $L\downarrow$ 在一昼夜 24 小时中总体保持稳定，变化不大。地表向上发出的辐射及反射的长波辐射之和为 $L\uparrow$（负值表示对地表来说，该辐射带来能量损失），在白天出现明显的增大再减小的变化（就绝对值而言）。这是因为白天地表被太阳短波辐射加热，温度升高。根据斯特藩 – 玻尔兹曼定律，物体表面发出的辐射能量与其绝对温度的四次方成正比。所以在正午附近，当地表温度达到最高时，$L\uparrow$ 相应达到最大（就绝对值而言）。

至此，我们分别考察了来自太阳的短波辐射、被地表反射的短波辐射、大气发出的长波辐射、地表发出的及反射的长波辐射在一昼夜 24 小时中的变化规律。将此四项辐射能量值累加，即可得到地表处的辐射净能量 Q^*，见式（2-9）和式（2-10），其中式（2-9）代表白天短波辐射和长波辐射都存在的情况，式（2-10）代表夜晚仅有长波辐射的情况，两式中的 S^* 和 L^* 分别表示在地表处的短波辐射净能量和长波辐射净能量。Q^* 的变化主要呈现两个规律，首先，Q^* 有昼夜变化，在夜晚为负值，在白天为正值。这意味着，地表在夜晚通过辐射净损失能量，在白天通过辐射净获得能量。其次，白天 Q^* 的变化规律总体上和 $S\downarrow$ 保持一致，这是因为在白天，$S\downarrow$ 是四项辐射能量中变化幅度最大的，对 Q^* 的贡献也最大，而 $L\downarrow$ 和 $L\uparrow$ 变化幅度不太大，而且很大程度上彼此抵消了。

$$Q^* = S\downarrow + S\uparrow + L\downarrow + L\uparrow = S^* + L^* \tag{2-9}$$

$$Q^* = L\downarrow - L\uparrow = L^* \tag{2-10}$$

根据 7 月 30 日在北纬 50° 某草地（近似为理想地表）进行的实测[3]，$S\downarrow$ 约为 27.3 MJ/(m^2·d)，$L\downarrow$ 约为 27.5 MJ/(m^2·d)，$L\uparrow$ 约为 36.8 MJ/(m^2·d)。根据这些实测值，可以看出 $L\uparrow$ 比 $L\downarrow$ 大，式（2-10）中的 L^* 为负值，也就是说地表在一昼夜 24 小时中通过长波辐射的方式净损失能量。

白天，地表处的总辐射净能量 Q^* 可分解为短波辐射净能量 S^* 和长波辐射净能量 L^* 两部分。其中，S^* 为正值，代表地表通过短波辐射获得能量，L^* 为负值，代表地表通过长波辐射损失能量。由于 S^* 大于 L^*（就绝对值而言），所以，地表在白天通过辐射净获得能量。夜晚，没有短波辐射，只有长波辐射，因此 Q^* 就等于 L^*，由于 L^* 为负值，意味着夜晚地表通过辐射净损失能量。综合考虑白天和夜晚，在一天24 小时中，Q^* 为正值，意味着地表净获得辐射能量。需要注意的是，该实测是夏季在北半球中纬度地区进行的，时间和地理位置的改变可能会带来不同的实测结果。$S{\downarrow}$ 和 $L{\downarrow}$ 的大小取决于大尺度气象条件，例如晴天还是多云，潮湿还是干燥等，而 $S{\uparrow}$ 和 $L{\uparrow}$ 的大小则与地表特性有密切关系。

至此，我们研究了地表处的辐射能量传递和平衡，与全球 EA 系统一样，局地 EA 系统中也存在辐射以外的能量传递方式。图 2-19 显示了地表处包括辐射、传导、对流三种传热方式在内的能量传递和平衡，各物理量之间的关系见式（2-11）。其中，Q^* 是地表处的辐射净能量；Q_s 代表地表和大气间的显热对流换热；Q_e 代表地表和大气间的潜热对流换热；Q_c 代表地表下土壤中的传导传热。根据该公式，地表处的净辐射能量 Q^* 和 Q_s、Q_e、Q_c 之间达到平衡。图 2-19 中箭头的方向代表传热的方向，表达的是夏季白天的情况，夜晚传热的方向可能相反。

$$Q^* = Q_s + Q_e + Q_c \tag{2-11}$$

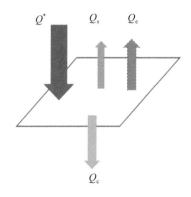

图 2-19　局地 EA 系统在地表处的辐射、传导、对流能量传递和平衡

2. 局地 EA 系统里温度变化规律

上一小节研究了局地 EA 系统在地表处的能量传递和平衡的规律。能量传递和平衡作用到气候上就导致了温度的变化，本小节将考察局地 EA 系统里温度变化的规律。图 2-20 显示了在北纬 49° 处某潮湿裸露的地表处进行的实地观测[4]。

图 2-20a 显示的是 Q^* 和 Q_s、Q_e、Q_c 在一昼夜 24 小时里的变化。图 2-20b 是该局地 EA 系统里不同空间点位处的温度变化。地表的温度 T_0 在一昼夜里波动较大，最低温度发生在 4 点左右，为 6 ℃，最高温度约 32 ℃，发生在 14 点左右，温度波动幅度达到 26 ℃。地表上空 1.2 m 处的空气温度 $T_{a, 1.2}$（这一高度的温度可以代表人体站立在地表时，身体感受到的周边环境的空气温度）在一昼夜 24 小时里也有一定的波动，但波动幅度明显小于地表温度 T_0，大约从最低时的 9 ℃ 到最高时的 20 ℃，变化幅度为 11 ℃。地表下 0.2 m 处土壤的温度 $T_{s, 0.2}$ 相当稳定，在一昼夜 24 小时里的变化幅度很小，只有 1 ～ 2 ℃。

图 2-20 反映了城市气候学的一个基本的、非常重要的研究范式，即：通过考察 EA 系统里能量的传递和平衡来获得温度变化的规律。换言之，温度作为表征气候的

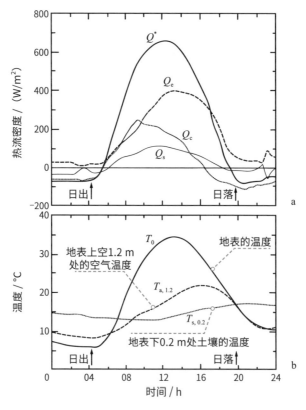

图 2-20　北纬 49° 处某局地 EA 系统在一昼夜里的热流密度和温度变化，
地表为潮湿裸露的草地，实测时间为夏季某天
（改绘自参考文献 [4]）

基本指标，其变化背后的动因就是 EA 系统里能量的传递和平衡。这一研究范式在建立城市气候学的基本数理模型时将再次发挥作用，这里通过对图 2-20 的分析先进行简单的说明。

对比图 2-20a 和图 2-20b 可以发现，T_0 的变化趋势和 Q^* 非常相似。这是因为，Q^* 是该局地 EA 系统地表处的净辐射能量，也就是被地表吸收的辐射能量（在白天为正，代表吸收；夜晚为负，代表损失）。这一净辐射能量直接驱动了地表温度 T_0 的变化，因此 T_0 的变化趋势和规律与 Q^* 非常相似。而 $T_{a,1.2}$ 的变化趋势和规律与 Q^* 呈现出一定的相关性，但远不如 T_0 那样强。这是由于 Q^* 无法直接影响到距地表 1.2 m 高处的空气温度，而是要通过地表与地表上空大气的能量传递 Q_s 和 Q_e，才能影响到 $T_{a,1.2}$。或者可以这样理解，Q^* 的变化和 $T_{a,1.2}$ 的变化之间有关联性，但是需要多个能量传递的机制才能建立起联系，Q^* 间接驱动了 $T_{a,1.2}$ 的变化。

现在，我们可以对局地 EA 系统理想地表处昼夜能量传递和平衡的规律做出总结。如图 2-21 所示，在白天，辐射能量在地表处传递和平衡的基本规律是 $S^* + L^* = Q^*$；考虑除辐射以外的其他能量传递，则有 $Q^* = Q_s + Q_e + Q_c$。在夜晚，没有来自太阳的短波辐射 S，地表处辐射能量交换和平衡的基本规律变为 $L^* = Q^*$；考虑传导和对流后则有 $Q^* = Q_s + Q_e + Q_c$。注意到在白天和夜晚，综合考虑辐射、传导、对流的

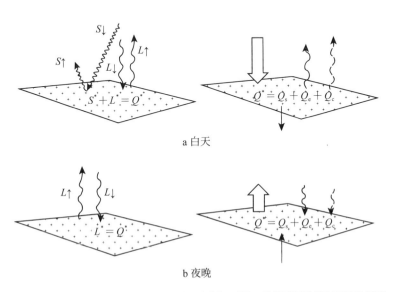

图 2-21　局地 EA 系统在地表处一昼夜里辐射、对流、传导能量传递和平衡的规律

能量传递和平衡的规律虽然都是 $Q^* = Q_s + Q_e + Q_c$，但传递的方向不同。在白天，Q^* 的方向朝下，意味着地表净获得辐射能量；在夜晚，Q^* 的方向朝上，地表净损失辐射能量。在白天，Q_c 的方向朝下，意味着地表向深处的土壤以传导的方式传递能量；在夜晚，Q_c 的方向朝上，地表深处的土壤向地表进行传导传热。在白天，Q_s 的方向朝上，意味着地表以对流的方式向近地表上空的大气输入能量；在夜晚，Q_s 的方向朝下，地表以对流的方式从近地表上空的大气获得能量。在白天，Q_e 的方向朝上，地表以潜热对流（蒸发）的方式向大气传递能量；在夜晚，Q_e 的方向朝下，大气以潜热对流（结露）的方式向地表传递能量。

最后强调一点，图 2-21 是根据北半球中高纬度地区局地 EA 系统在夏季的实测数据总结出的能量传递和平衡的规律。对位于地球其他区域，处于其他季节的局地 EA 系统来说，虽然辐射、对流、传导的基本构成不变，但具体数值和传递方向有可能发生较大变化。

3. 局地 EA 系统里物质的传递和平衡

仍然以一片平坦、均匀、面积较大的草地作为理想地表，考察图 2-22 所示的局地 EA 系统。与研究能量的传递与平衡时使用的局地 EA 系统有所不同，图 2-22 所示的局地 EA 系统包括了地表下一定深度的土壤。和全球 EA 系统一样，局地 EA 系统里物质的传递主要指水的传递。式（2-12）和式（2-13）描述了该局地 EA 系统里

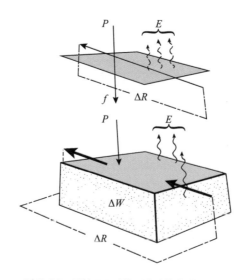

图 2-22　局地 EA 系统里水分的传递与平衡

水的传递和平衡的基本规律：

$$P = E + \Delta R + \Delta W \qquad (2\text{-}12)$$

式中：P 为该局地 EA 系统里的总降水量，即从大气转移至地表的水量，包括雨、雪、冰雹、霜、露等；E 为该局地 EA 系统里的总蒸发量，即从地表转移至大气的水量，包括水分的蒸发、升华等；ΔR 为该局地 EA 系统通过地表径流获得的水量；ΔW 为该局地 EA 系统地表下控制体积 V 里的含水量变化。

如果该局地 EA 系统的地表平坦，则没有地表径流，ΔR 等于零。再假定在一个较短的时间里，没有任何降水（这一情况事实上很常见），即 P 等于零。式（2-12）变成了式（2-13）：

$$E + \Delta W = 0 \qquad (2\text{-}13)$$

式（2-12）说明，对一个局地 EA 系统来说，总降水量转化成了三部分，一部分以蒸发的方式从地表回到了大气中；一部分以地表径流的方式流出了系统；另一部分则转化为了储存在土壤里的水分。式（2-13）说明，对一个局地 EA 系统而言，经常会遇到没有降水也没有地表径流的情况。这时，地表的蒸发会导致地表下土壤含水量不断降低。而土壤的含水量对地表处的能量交换有重要的影响，因为它对辐射、传导、对流、土壤热容等都有直接的影响。

2.4 城市气候的数理模型

2.4.1 城市气候的表征物理量和驱动力

在研究城市气候的数理模型之前,我们需要考察城市气候的表征物理量和驱动力,数理模型的作用就是将这些表征物理量和驱动力以及它们之间的关系纳入一个规范的模型中,使得我们能够理解、分析、预测城市气候。由于这一模型是用数学的方法和工具描述城市气候的物理规律,故而称之为数理模型。

我们中的大多数生活在城市中,每天都在感受着城市气候,所以对表征城市气候的物理量并不陌生。表征城市气候的基本物理量主要有三个:温度、湿度、风矢量(包括风速和风向)。除此以外,日照、空气品质等也可被认为是表征城市气候的物理量[*]。

温度是我们日常生活中熟悉的表征城市气候的基本物理量,国际标准单位是开尔文(K),天气预报和日常生活中常用摄氏度(℃),1 K 和 1 ℃ 的大小相等。英制单位使用华氏度(℉)计量温度,1 ℉ 约等于 0.56 ℃。在一个标准大气压下,水的冰点是 0 ℃,相当于 32 ℉ 或 273 K。人体正常的体温在 37 ℃ 以下,相当于 98.6 ℉ 或 305 K 以下。

湿度是我们日常生活中经常感知的另一个表征城市气候的基本物理量。与温度一样,人体是否感觉舒适受湿度的影响很大。湿度的物理定义是空气中水分含量的多少,最常用的指标是相对湿度,其余还有绝对湿度、水蒸气分压等。含湿的空气被称为湿空气,理解湿空气的特性对于研究城市气候学很重要。

有一个体积为 V 的密闭容器,内装绝对干燥、不含任何水分的空气,其质量为 m_a。现在,向该容器内加入水蒸气并假定温度保持不变。随着水蒸气的加入,容器内的空气从绝对干燥变得逐渐湿润,即成为湿空气。用 m_w 代表加入的水蒸气的质量,当水蒸气加入到一定程度即 m_w 增加到一定量时,容器里的空气无法再容纳更多的水

---

* 严格来说,日照和空气品质都不是单一的物理量。描述日照可用日照时间、太阳辐射强度等指标,描述空气品质可用 PM10 浓度、PM2.5 浓度、空气品质良好天数等指标。

056 | 城市形态、气候与能耗

蒸气，这时的湿空气就处于饱和状态，处于饱和状态的湿空气中所含的水蒸气的质量用 m_s 表示。根据这一从干燥空气到湿空气再到饱和湿空气的变化过程，我们可以定义描述湿度的一些物理量。

绝对湿度（亦称为比湿）ω 是湿空气中所含的水蒸气的质量与干燥空气质量的比值，即：

$$\omega = \frac{m_w}{m_a} \tag{2-14}$$

利用理想气体定律对式（2-14）进行改写，可得：

$$\omega = \frac{m_w}{m_a} = \frac{P_v V/(R_v T)}{P_a V/(R_a T)} = \frac{P_v/R_v}{P_a/R_a} = 0.622 \frac{P_v}{P_a} \tag{2-15}$$

式中：P_v 为水蒸气产生的分压，Pa；P_a 为干燥空气产生的分压，Pa；V 为容器的体积，m^3，水蒸气的体积和干燥空气的体积都等于 V；T 为温度，K；R_v 为水蒸气的理想气体常数，值为0.4615 kJ/(kg·K)；R_a 为干燥空气的理想气体常数，值为0.2870 kJ/(kg·K)。

相对湿度是另一个描述湿度的物理量，与绝对湿度相比在日常生活中更加常用，天气预报通常使用相对湿度而非绝对湿度。相对湿度 RH 的定义为：

$$RH = \frac{M_w}{M_a} \times 100\% \tag{2-16}$$

式中：RH为相对湿度，是一个百分数；M_w 为当前空气中水蒸气的实际质量，kg；M_a 为假定空气达到饱和状态时水蒸气的质量，也就是空气所能容纳的水蒸气的最大质量，kg。

在理解相对湿度的定义时，有一点很重要，那就是空气容纳水蒸气的能力是有限的，这一能力的高低受温度影响很大。在其他情况相同时，温度越高，空气就能容纳越多的水蒸气，反之亦然。当空气达到饱和时，即其实际所含的水蒸气达到其容纳能力的上限时，水蒸气的分压可用下式计算：

$$P_{ws} = 1000\exp\left(52.58 - \frac{6790.5}{T} - 5.028\ln T\right) \tag{2-17}$$

式中：P_{ws}为饱和水蒸气分压，Pa；exp代表以自然常数e为底的指数；T为空气温度，K。

因此，相对湿度又可以定义为空气中实际所含的水蒸气的分压与其在同样的温度下的饱和水蒸气分压的百分比值，即：

$$RH = \frac{M_w}{M_a} \times 100\% = \frac{P_a}{P_{ws}} \times 100\% \qquad (2\text{-}18)$$

由式（2-16）和式（2-18）可知，相对湿度可以用质量比来表达，也可用水蒸气分压比来表达，两种表达方式是等效的，这从理想气体定律很容易推导出。相对湿度在0和100%之间变化，当空气处于绝对干燥状态时，相对湿度为0；当空气达到饱和时，相对湿度为100%。

关于相对湿度，需要注意的一点是，相对湿度高并不意味着空气中含有的水蒸气量一定多。这是因为，相对湿度衡量的是处于某一特定温度的空气当前实际含有的水蒸气量占其理论上最大水蒸气含量的比值。例如，相对湿度50%意味着空气所含的水蒸气量正好达到了其所能容纳的最大水蒸气量的一半。这里的关键要素是温度，如果温度升高，空气能容纳水蒸气的量增大，式（2-18）中的M_a或P_{ws}增大，在实际所含水蒸气量不变的情况下，相对湿度RH会降低。这一点，通过下例很容易理解。

在同样体积（均为1 L）的两个密闭容器中的两份空气试样A和B，均为一个标准大气压，A的温度是20 ℃，相对湿度70%；B的温度是30 ℃，相对湿度50%，问哪个试样含有的水蒸气更多？

根据式（2-17）可以计算得到20 ℃和30 ℃的空气的饱和水蒸气分压，分别为2348 Pa和4259 Pa。对于空气试样A来说，实际水蒸气分压为2348 Pa×70% = 1643.6 Pa；对于空气试样B来说，实际水蒸气分压为4259 Pa×50% = 2129.5 Pa。可以看出，B试样包含的实际水蒸气量大于A，尽管B的相对湿度50%小于A的相对湿度70%。也可根据空气的密度将结果进一步换算为质量，感兴趣的读者可自行计算。

如果以温度作为横坐标，以空气的饱和水蒸气分压作为纵坐标，可绘制出图2-23，该图被称为湿空气的焓湿图，在建筑的暖通空调系统设计和研究中有着重要的应用，对于学习城市气候学来说也有意义。

从图 2-23 可以看出，对于处于室温（假定为 21 ℃）状态的空气而言，1 kg 饱和的空气（相对湿度为 100%）含有约 16 g 水蒸气。在 –10 ℃ 时，1 kg 饱和的空气只含有约 2 g 的水蒸气。也就是说，如果我们将 1 kg、21 ℃ 的饱和湿空气冷却到 –10 ℃，将有 (16 – 2) g = 14 g 水蒸气无法继续以气态形式存在于空气中，而会凝结为液态水，这就是结露现象。

另一个与湿空气相关的重要概念是露点，在城市气候学中有着广泛的应用，利用焓湿图可以帮助我们理解这一重要概念。对于含湿的空气来说，如果将其降温，其容纳水蒸气的能力会随着温度的降低而降低，当温度降低到一定程度时，空气包含的水蒸气量达到了饱和水蒸气量，这时就会出现结露，这一温度被称为露点。利用湿空气的焓湿图可以直观地考察这一现象，更好地理解露点和结露的概念。

如图 2-23 所示，A 点代表相对湿度为 50%，温度为 25 ℃ 的空气。现在，我们对其降温，其余状态保持不变，该湿空气的状态在焓湿图中将会沿着红色箭头所指的方向移动。当温度降低到约 14 ℃ 时，相对湿度降低到 100%，湿空气达到饱和状态，结露现象将会发生。14 ℃ 就是该湿空气的露点。我们在夏季的清晨经常能看到的露

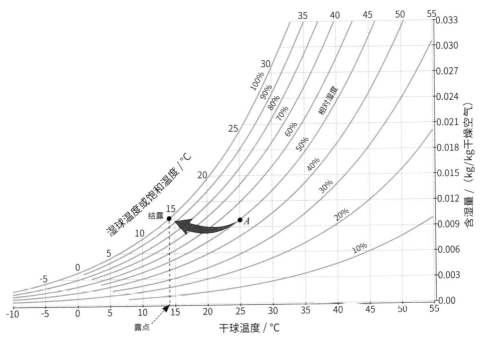

图 2-23　空气的饱和水蒸气分压和温度的关系，即湿空气的焓湿图

水，就是结露这一现象在城市气候中的表现。

空气的流动形成风。风速是描述风特性最主要的物理量，是一个包括速度和方向的矢量。在三维坐标系 x-y-z 里，风速可用式（2-19）表示。随着空间位置即（x, y, z）的变化，风矢量 $\vec{v}$ 的速度和方向可能会变化（也可能不变），这就构成了风场。

$$\vec{v}(x, y, z) \tag{2-19}$$

在城市气候学及与之关联的城市规划、建筑学、风景园林学领域，我们通常定义八个方向表示风的方向，分别是：东、西、南、北、东北、西北、西南、东南。在很多研究和实践中，往往需要掌握某地在一年中不同方向的风发生的频率以及速度。如果将风向、发生的频率、风的速度绘制在一张图中，就得到如图 2-24 所示的风玫瑰图。

在图 2-24 中，水平轴是东西方向，垂直轴是南北方向，其他方向可以根据与水平轴或垂直轴的夹角求得。以水平轴和垂直轴交点为圆心的一组同心圆代表不同方向的风发生的频率，颜色代表风速。不同地区的风玫瑰图不尽相同，但有两个重要的共性：① 风玫瑰图总是环绕完整的四个象限。这是因为在一年 365 天中，风向总是在发生变化，可能从各个不同的方向吹来。② 所有方向、所有速度的风发生的频率的总和为 100%，这是显而易见的。

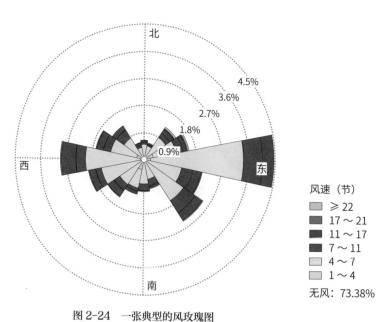

图 2-24　一张典型的风玫瑰图

在城市气候学中，对气压的讨论和研究并不多。但在一般气象学中，气压是一个非常重要的概念和气候要素，是影响天气变化的重要因素。气压的变化会产生风，而风会进一步引起温度和湿度的变化。因此，我们需要对气压进行基本的介绍。

人类生活在大气层最底部的对流层里，更准确地说，世界上绝大多数人在一生的绝大多数时间里都生活在距离地 km 以内的大气层*里。因此，生活在大气层底部的我们，与生活在海洋深处的鱼类受到水的压力一样，会受到由大气的重力产生的大气压力的作用，简称气压。我们在日常生活中不会感觉到气压，但它实实在在地存在，而且对城市气候有重要的影响。例如，在飞机起飞和降落时，我们的耳朵会产生异样甚至不舒适的感觉，这就是气压的迅速变化导致耳朵内外压力不平衡造成的。

描述气压通常使用力学里压力的标准单位帕斯卡（Pa）。在地球的海平面上，气压约为 101 325 Pa，即 101 325 N/m^2，该压力大约相当于 1 kg/cm^2，也就是说在 1 cm^2 的面积上有 1 kg 的重量，这是一个很大的值。由于使用帕斯卡描述海平面的气压显得数字比较大，所以也常用百帕（hPa）为单位，1 hPa 等于 100 Pa 或 100 N/m^2。因此，海平面的气压为 1013.25 hPa。为了方便起见，我们把这一气压定义为一个标准大气压（atm），即 1 atm = 101 325 Pa = 1013.25 hPa。另一个常用的描述气压的单位是毫米汞柱（mmHg），一个标准大气压等于 760 mmHg。

一些重要的天气现象和气象活动与气压有密切的关系，我们熟悉的一个例子就是台风或飓风**。台（飓）风是形成于热带或副热带海洋上空，具有强低压、强对流、强气旋特征的环流。根据国际上通行的标准，台（飓）风的风速应该稳定地达到 119 km/h。成熟的台（飓）风的直径最大可达 1500 km，最小也达 100 km。台（飓）的中心气压显著低于标准大气压，极端情况下可从 1010 百帕下降到 950 百帕，降幅高达 60 百帕。图 2-25 显示的是 2005 年 8 月间对美国产生巨大破坏的卡特里娜（Katrina）飓风，造成了 1200 人丧生，经济损失高达 1060 亿美元。

---

* 距离地表约 1 km 的大气层也被称为边界层，是城市气候存在的主要大气环境。
** 台风和飓风本质上是同一种天气现象，习惯上将生成于大西洋上空并影响北美大陆的称为飓风，将生成于太平洋上空并影响亚欧大陆的称为台风。

图 2-25　2005 年 8 月间的卡特里娜飓风，在美国墨西哥湾沿岸登陆，对附近区域的城市和乡村造成了巨大的破坏，位于密西西比州的新奥尔良市被飓风带来的暴雨和洪水淹没

2.4.2　描述简单 EA 系统里气候的数理模型

研究城市 EA 系统里的气候，需要从考察简单 EA 系统开始，理解并掌握简单 EA 系统里气候形成和变化的物理规律，并用数学手段建立起描述该物理规律的模型，就是 EA 系统气候的数理模型，即用数学的方法描述气候的物理机制、动因和规律。

一个简单 EA 系统（图 2-13a）由三部分组成，即大气、土壤、大气土壤的交界面。需要注意的是，大气土壤的交界面并不是由一个实体物质构成，并没有"交界面"这种物质。它虽然不是一个具体的物质构成，但在 EA 系统里扮演着重要的角色，是能量和物质交换发生的主要场所。

研究简单 EA 系统里气候的数理模型可以从考察一个控制体积开始。图 2-26 显示了一个体积为 V、厚度为 Δz 的控制体积，内部的物质构成可以是 EA 系统里的大气，也可以是土壤，但不能同时是大气和土壤[*]。

---

[*] 如果一个控制体积里同时包括大气和土壤，就意味着交界面被包括在控制体积中。在交界面处会发生重要的物质和能量的交换，导致对整个控制体积的分析需要采用不同的方法。

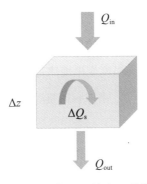

图 2-26　一个体积为 V、厚度为 Δz 的控制体积

首先让我们分析一种最简单的情况，假定对于该控制体积 V 来说，边界以外的能量输入和输出只发生在垂直方向，即 z 轴方向，在 x 和 y 这两个水平方向没有能量的交换。这一情况虽然简单，但在真实的 EA 系统里并不少见，特别是在无风或静风的条件下。从控制体积 V 顶部输入控制体积的能量为 Q_{in}，从控制体积底部输出至外部的能量为 Q_{out}，控制体积内部的能量变化为 ΔQ_s。对该控制体积运用能量守恒定律可以得到：

$$\frac{\Delta Q_s}{\Delta z} = C_s \frac{\Delta T_s}{\Delta t} \tag{2-20}$$

式中：C_s 为控制体积里的物质的体积热容，$J/(m^3 \cdot K)$；ΔT_s 为控制体积的平均温度变化，K；Δt 为时间变化，s。从物理意义上来说，式（2-20）的左边是控制体积里能量流密度变化沿垂直方向的梯度，右边是控制体积里平均温度变化的速率乘以体积热容。

为了加深对式（2-20）的理解，现在应用它来解决一个实际问题。现有 0.5 m 厚的干燥土壤，上表面与大气接触，正午时刻，在 EA 交界面处输入土壤的热流密度为 100 W/m^2，土壤底部向更深处的土壤输出的热流密度为 10 W/m^2，土壤的体积热容为 1.42×10^6 $J/(m^3 \cdot K)$，问这 0.5 m 厚的土壤内部的平均温度变化速率是多少？

ΔQ_s 等于 Q_{in} 和 Q_{out} 的差，即（100 − 10）W/m^2 = 90 W/m^2。根据式（2-20），土壤的温度变化速率 $\Delta T_s/\Delta t$ 为 0.46 K/h。也就是说，该层 0.5 m 厚的土壤内部的平均温度每一小时变化 0.46 K 或 0.46 ℃。由于在本例中，Q_{in} 比 Q_{out} 大，即控制体积里的土壤净获得能量，所以温度每一小时上升 0.46 ℃。

式（2-20）虽然简单，却反映了城市气候学研究重要的基本范式。等号左边是 EA 系统里温度变化的规律，等号右边实质上反映的是 EA 系统里能量的传递和平衡。因此，能量的传递和平衡就成为温度变化规律背后的动因和机制。也就是说，通过研究 EA 系统里能量的传递和平衡，来理解和获得 EA 系统里温度的分布及变化规律，这就是城市气候学研究的基本范式。

这一研究范式反映了"能量－温度"这组关系，将其拓展到"水分－湿度"和"动量－风速"，我们就可以获得城市气候学研究的三组最基本的范式，具体如下：① 通过研究 EA 系统里能量的传递和平衡，来理解和获得 EA 系统里温度的分布及变化规律；② 通过研究 EA 系统里水分的传递和平衡，来理解和获得 EA 系统里湿度的分布及变化规律；③ 通过研究 EA 系统里动量的传递和平衡，来理解和获得 EA 系统里风速的分布及变化规律。

2.4.3 描述 EA 系统里三组基本关系的数理模型

城市气候学研究中最重要的三组关系是"能量－温度""水分－湿度""动量－风速"，利用数学的方式描述这三组关系的物理规律就是城市气候学的数理模型。

1. 描述 EA 系统里"能量－温度"关系的数理模型

下面，我们以"能量－温度"为例进行详细论述。

$$Q_H = \rho c_p k_h \frac{\partial T}{\partial z} = C_a k_h \frac{\partial T}{\partial z} \tag{2-21}$$

式中：Q_H 为EA系统大气中沿垂直方向的热流密度，W/m^2；ρ 为空气密度，kg/m^3；c_p 为空气的质量热容，$J/(kg \cdot K)$；k_h 为热量在空气中的渗透系数，m^2/s；C_a 为空气的体积热容，$J/(m^3 \cdot K)$；z 为垂直方向的高度坐标，在地表处为零，m；T 为温度，K。

与式（2-20）不同，式（2-21）中使用了温度 T 对垂直方向高度坐标 z 的偏微分，这就意味着温度 T 除了是垂直方向高度坐标 z 的函数外，还是另两个水平方向坐标 x 和 y 的函数。也就是说，这里的温度 T 是一个定义在完整的三维空间里的温度场。因此与式（2-20）相比，式（2-21）更加一般化，也不需要假定热量只在垂直方向传递，在水平方向也可以发生热量的传递。

2. 边界层里的三个亚层及"能量－温度"关系数理模型的应用

前文已介绍了 EA 系统里边界层的概念。边界层，根据大气流动状态的不同，又可进一步分为多个亚层。应用式（2-21）给出的描述"能量－温度"关系的数理模型，可对这些亚层里温度的分布和热量的传递规律进行研究，同时亦可加深对式（2-21）的理解。

（1）层流边界亚层

图 2-27 显示的是 EA 系统边界层里的三个亚层，分别是层流边界亚层、湍流边界亚层、外侧边界亚层。层流边界亚层是紧邻地表的最下面的一个亚层，其厚度受 EA 系统的地形地貌、地表特征、太阳辐射、环境温度、风等一系列地理、天气、环境要素的影响，不存在一个确定的值，但一般说来不会太大，且在有些特定的情况下可能接近于零。

层流边界亚层里大气的流动呈现层流的特征，流向、流速、压力的分布都较为均匀一致，因此大气的混合较弱。层流边界亚层里温度的分布如图 2-28 所示，总体规律是温度随高度的上升而下降，且下降速度较快。在 EA 系统里，温度随高度变化的速率称为温度梯度（类似的还有湿度梯度、风速梯度等），因此层流边界亚层里的温度梯度较大。应用式（2-21）可以解释为什么层流边界亚层里的温度梯度较大。

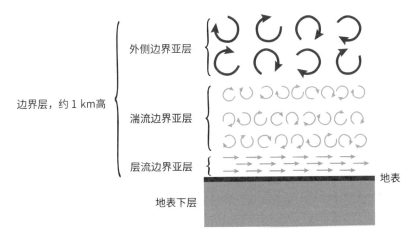

图 2-27　EA 系统边界层里的三个亚层：层流边界亚层、湍流边界亚层、外侧边界亚层

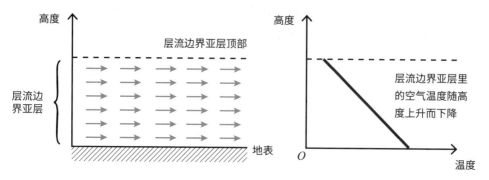

图 2-28 层流边界亚层里温度随高度的上升而下降，且下降速度较快，即温度梯度较大

在式（2-21）中，等号左边的 Q_H 是 EA 系统大气中沿垂直方向的热流密度，反映的是热量在垂直方向传递的快慢。等号右边的 ρc_p 是空气的体积热容，在整个边界层里变化不大。k_h 代表热量在空气中的渗透系数，是一个关键的物性参数，k_h 的值越大，说明热量在空气中渗透得越快，反之则越慢。由于层流边界亚层里大气的流动特征为层流，所以在垂直方向热量很难通过空气的混合进行传递，即对流传热很小。在这种情况下，热量只能依靠垂直方向的热传导进行传递，而在一个标准大气压下，300 K（27 ℃）的空气的导热系数仅为 0.0263 W/(m·K)，这就说明，层流边界亚层里大气在垂直方向传递热量的能量很弱，即热量渗透系数 k_h 很小。事实上，层流边界亚层里 k_h 的值通常在 10^{-5} 量级。

（2）湍流边界亚层

湍流边界亚层里的情况和层流边界亚层很不相同。湍流边界亚层里的大气流动特征是湍流，存在很多旋涡和不规则流动，导致较为充分的空气混合，因此对流换热较为明显。而且随着高度的上升，湍流加强，旋涡的尺度增大，空气的混合更加充分，使得对流换热更加充分。所以，湍流边界亚层里的热量渗透系数 k_h 的值较大，可以达到 10^2 数量级，比层流边界层里的 k_h 高出几个数量级。

湍流边界亚层里的空气温度分布如图 2-29 所示，和层流边界亚层里的空气温度分布明显不同，主要区别有两点：① 湍流边界亚层里的空气温度总体上也呈现伴随高度上升而下降的趋势，但下降的速率，即温度梯度，明显小于层流边界亚层。这是由于湍流边界亚层里的空气存在较充分的混合，有利于热量的传递，这就使得热

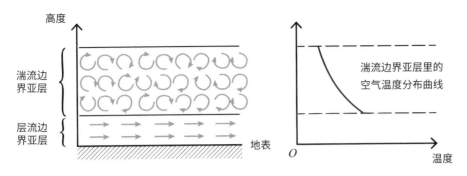

图 2-29　湍流边界亚层里的温度分布

量渗透系数 k_h 值较大，热量容易从高温处向低温处传递，从而降低温度梯度。而层流边界亚层里沿垂直方向的热量传递较困难，热量渗透系数 k_h 较小，因此温度梯度较大。② 层流边界亚层里的空气温度梯度是一个不变的定值，表现在图像里就是一条沿垂直方向变化的温度直线。湍流边界亚层里的空气温度梯度不再是一个不变的定值，而是自下而上逐渐减小，因此在图像中温度曲线表现为一条向左侧凸出的曲线。在该曲线的某点做切线，切线对垂直轴的斜率就是温度梯度（注意，由于图中温度为水平轴，高度为垂直轴，因此温度梯度是温度曲线的切线对垂直轴的斜率，而不是对水平轴的斜率，这与通常定义的曲线某点处的斜率有所不同）。湍流边界亚层里空气温度分布的这一规律背后的原因是，该亚层里空气的混合随着高度的上升而变得更加充分，因此对流换热变强，热量渗透系数 k_h 变大，热量更容易从高温处向低温处传递，从而迅速降低温度梯度，使得伴随着高度的上升温度的分布趋向于均匀。

（3）外侧边界亚层

外侧边界亚层里大气的流动也是以湍流为主，而且旋涡的尺寸比湍流边界亚层更大，混合更加强烈充分。我们同样可以应用式（2-21）对外侧边界亚层里的热量传递和温度分布进行研究，具体详尽的分析在此略去，感兴趣的读者可以参考上文对层流边界亚层和湍流边界亚层的讨论自行进行分析。

3. 描述 EA 系统里"水分 – 湿度"和"动量 – 风速"关系的数理模型

在理解了描述 EA 系统里"能量 – 温度"关系的数理模型后，建立描述"水分 – 湿度"和"动量 – 风速"这两组关系的数理模型就变得简单了。式（2-22）和式（2-23）分别是 EA 系统里关于"水分 – 湿度"和"动量 – 风速"的数理模型。

$$W_{\mathrm{v}} = k_{\mathrm{v}} \frac{\partial \rho_{\mathrm{v}}}{\partial z} \qquad (2\text{-}22)$$

$$T_{\mathrm{a}} = \rho k_{\mathrm{a}} \frac{\partial u}{\partial z} \qquad (2\text{-}23)$$

式中：W_{v} 为 EA 系统大气中沿垂直方向的水蒸气流，$kg/(m^2 \cdot s)$；ρ_{v} 为空气中的水蒸气密度，kg/m^3；k_{v} 为水蒸气在空气中的渗透系数，m^2/s；z 为垂直方向的高度坐标，在地表处为零，m；T_{a} 为 EA 系统大气中沿垂直方向的动量流，kg/s^3；ρ 为空气密度，kg/m^3；k_{a} 为动量在空气中的渗透系数，m^2/s；u 为水平方向的风速，m/s。

2.5 多尺度城市气候的模拟

2.5.1 城市气候的尺度与现象

大气中各种运动过程的尺度是不同的，由此引发的气候现象也有特定的尺度。因此，城市气候的研究有必要对尺度作出划分，包括水平尺度与垂直尺度。

1. 城市气候的水平尺度

在水平尺度上，城市气候学的尺度可以分为中观尺度、局地尺度和微观尺度，各尺度的空间跨度与典型的气候现象如图 2-30 所示。中观尺度以上属于一般性气象学研究的尺度，该尺度上的气候特征主要与纬度、大气环流、洋流、海陆影响、地形等因素有关，受城市下垫面的影响很小。城市气候学关注的现象主要发生在中观尺度到微观尺度上，这些尺度上的气象过程既受当地天气系统的控制，也和城市下垫面的特征紧密相关，并在城市下垫面的影响下呈现高度异质化的特征。需要注意的是，各类尺度的空间跨度没有绝对明确的界限。这是因为在连续的大气介质中各种气候现象都不是孤立存在的，并可在大气湍流的作用下相互混合。同时，各种气候现象发生的具体尺度也会受到特定的地形与城市几何特征的影响。

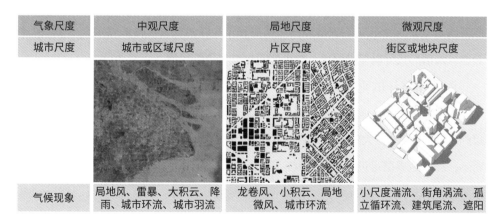

气象尺度	中观尺度	局地尺度	微观尺度
城市尺度	城市或区域尺度	片区尺度	街区或地块尺度
气候现象	局地风、雷暴、大积云、降雨、城市环流、城市羽流	龙卷风、小积云、局地微风、城市环流	小尺度湍流、街角涡流、孤立循环流、建筑尾流、遮阳

图 2-30 气象尺度与城市尺度

中观尺度的空间跨度一般在 10 ～ 200 km 范围内，可大致对应城市规划中的城市或区域尺度，其典型的气候现象包括局地风、雷暴、大积云等。城市中地形的变化、下垫面类型、建设强度等因素对中观尺度的气候特征有着显著的影响。例如，在山地和丘陵城市中，地势的变化会对局地风场产生显著的影响；在沿海城市中，局地风在海面与陆地温差的驱动下会由海面向内陆流动，形成海－陆空气循环；即使在平原城市中，城市下垫面的特征也会影响中观尺度的气候过程。在以人工下垫面与高密度建筑群为主的城市区域中，空气温度明显高于以植被与水体为主的郊区中的空气温度，在温差的驱动下可形成城市－郊区空气循环。

局地尺度的空间跨度一般在 1 ～ 10 km 范围内，可大致对应城市规划中的片区尺度，其典型的气候现象包括龙卷风与小积云等。在局地尺度上，城市地形的变化相对有限，城市几何形态的影响更为突出。例如，城市片区的路网结构会影响片区的总体通风性能；城市片区间建筑密度与建筑高度的差异可使各片区呈现不同的温度范围，商务中心区气温通常高于城市居住区气温，街区绿地气温通常低于建成区气温，并可在一定程度上降低周边建成区的空气温度。

微观尺度的空间跨度一般小于 1 km，可大致对应城市规划中的街区或地块尺度，其典型的气候现象为小尺度湍流等。在微观尺度上，建筑与植被单体可进一步影响其附近的太阳辐射与空气流动，形成城市微气候。高大建筑物可通过遮阳使其附近产生约 1 ℃ 的温差，但会对气流产生阻碍作用，在建筑背风侧形成涡流。局部架空等建筑细部形式可以促进通风，减少建筑物对气流的阻碍。

2. 城市气候的垂直尺度

在垂直尺度上，城市形态可对从地表延伸至其上空约 10 倍建筑高度范围的大气层产生影响，这部分大气被称为城市边界层（urban boundary layer）。如图 2-31、表 2-2 所示，城市边界层可进一步分为混合层（mixing layer）、表面层（surface layer）、惯性子层（inertial sublayer）、粗糙子层（roughness sublayer）和城市冠层（urban canopy layer），各层的大气运动受到不同水平尺度上城市形态的影响。

混合层位于城市边界层的最顶部，约占城市边界层的 90%。混合层中的大气性质被热湍流均匀混合，因此其中的大气性质呈均质化特征，可反映中观尺度上城市整体形态的影响。混合层中，垂直方向的位温、水蒸气、风速与风向等物理量接近一致。

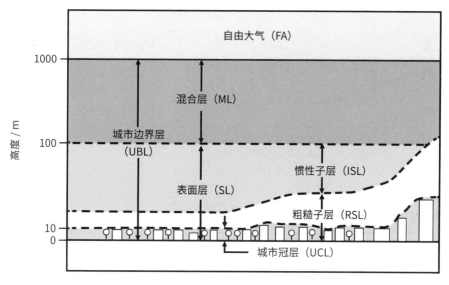

图 2-31　城市大气的垂直结构 [5]

　　表面层位于城市边界层的底部，约占城市边界层的 10%，其中的大气性质受三维城市形态引起的摩擦阻力以及人为产热的影响。表面层包括惯性子层、粗糙子层与城市冠层，惯性子层位于粗糙子层上方。惯性子层受局地尺度上城市片区整体特征的影响，不反映单体要素特征，其水平维度的大气性质在湍流混合的作用下较为均质。因此，惯性子层中大气性质的变化可近似为一维形式，垂直风速变化可用对数曲线描述。粗糙子层位于表面层底部，其高度可延伸至 2 至 5 倍城市要素（建筑与树木）高度。

　　粗糙子层中的大气性质受微观尺度的单体要素影响，其中的气流由相互作用的尾流与单体粗糙元引起的羽状流组成。因此，粗糙子层中的大气性质需要使用三维方法研究。在低粗糙度的城市表面上，惯性子层占表面层的绝大部分；而在高粗糙度的城市表面上，单体要素对气流的影响增强，粗糙子层可占据表面层的主要部分。

　　城市冠层位于粗糙子层底部，为地面至屋顶高度的空气层。城市冠层中每一个位置的微气候都受到其附近特定城市形态与人为活动的影响，个体障碍物的影响仅在远离其源头的短距离内持续存在，随后即被湍流作用混合和减弱。因此，城市冠层中城市大气的异质性最强，可反映微观尺度城市形态的影响。

表 2-2　城市边界层的垂直结构 [5]

名称	定义	典型垂直尺度	相关水平尺度
混合层	位于边界层的最顶部,其中的大气性质被热湍流均匀地混合	250～2500 m	中观尺度
表面层	位于边界层的底部,包括惯性子层、粗糙子层与城市冠层	25～250 m	局地尺度
惯性子层	位于表面层的上半部分,其中以剪切为主的湍流形成对数风速剖面,湍流通量随高度变化很小	25～250 m	局地尺度
粗糙子层	从地面至 2 至 5 倍于建筑物/树木的高度,其中的空气流动受单体元素的影响	数十米	微观尺度
城市冠层	从地面到建筑物/树木的平均高度,包括建筑外部与内部的空气	数十米	微观尺度

2.5.2　多尺度城市气候的数值模型

建立城市气候的数值模型是研究城市气候规律的有效方法,并可为城市气候的预测提供基础。城市气候的理论模型根据原理与尺度的不同可分为城市冠层模型(UCM)、计算流体力学模型(CFD)与气象预报模型,其中城市冠层模型基于能量平衡原理,计算流体力学模型与气象预报模型为动态数值模型。

1. 城市冠层模型

城市冠层中特定单元的能量平衡如图 2-32 所示,其内部的能量平衡可使用能量平衡方程描述,见式(2-24)[6]。城市冠层模型以能量平衡方程为基础,求解城市冠层单元中城市表面与环境的能量交换,可预测空气温度以及建筑、地面的表面温度。城市冠层模型将城市表面与空气团简化为相互连接的节点,将能量平衡方程应用于各相连的节点,进而求解城市冠层单元中的温度与相对湿度。城市冠层模型无法精确求解流场,风速一般根据对数定律或指数定律近似估计。

$$Q^* + Q_F = Q_H + Q_E + \Delta Q_S + \Delta Q_A \tag{2-24}$$

式中:Q^* 为净辐射量;Q_F 为人为产热量;Q_H 为显热通量;Q_E 为潜热通量;ΔQ_S 为城市蓄热量;ΔQ_A 为对流换热量,单位均为 W/m²。

城市冠层模型的求解方式简化了真实的三维城市形态,根据简化程度的不同,城市冠层模型可进一步分为平板模型(slab model)、单层冠层模型(single-layer model)与多层冠层模型(multi-layer model),三种模型中城市冠层的简化方式如

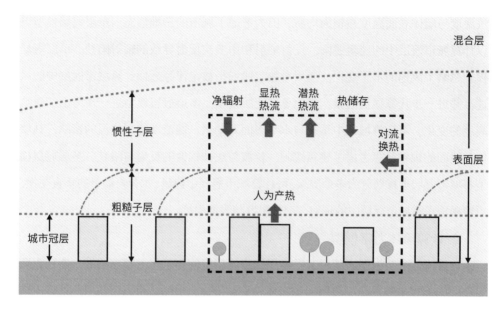

图 2-32 城市冠层中特定单元的能量平衡 [6]

图 2-33 所示 [7]。图中 T_a 是城市冠层上方的空气温度，T_R 是建筑屋顶温度，T_W 是建筑墙体温度，T_G 是地面温度，T_S 是城市冠层的空气温度，H 是屋顶上方的显热交换量，H_a 是由城市冠层到其上方大气的显热热流，H_W 是由墙体到城市冠层的显热热流，H_G 是由地面到城市冠层的显热热流，H_R 是从屋顶到大气的显热热流。

平板模型属于一维模型，将三维的城市形态简化为地表增加的粗糙元素，使用粗糙度参数描述真实城市形态。在平板模型中，日间的城市反照率是恒定的，并且没有考虑植被对气流的摩擦阻力。单层冠层模型将城市形态处理为高度一致且方向不变的无限长街道，可计算空气温度与道路、墙体、屋顶的表面温度，街谷中的空

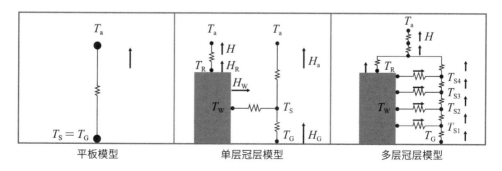

图 2-33 平板模型、单层冠层模型与多层冠层模型示意 [7]

气温度与墙体表面温度被视为均质。因为考虑了城市的三维形态，单层冠层模型可以计算城市冠层中的建筑遮阳、反射辐射和由多次反射导致的辐射陷获。单层冠层模型忽略了风速的水平变化，使用对数定律或指数定律等近似计算城市冠层中的风速，并进一步计算显热通量。相比单层冠层模型，多层冠层模型进一步考虑了建筑高度的变化，可计算城市中垂直与水平表面对动量、湍流动能和位温的影响，其墙体与路面的辐射计算考虑了建筑遮阳、长波与短波辐射的反射与陷获。多层冠层模型将城市冠层垂直划分为多个层次，可计算城市冠层中热量、水分与动量的垂直交换，更精确地求解城市冠层中的辐射、空气温度与表面温度。

2. 计算流体力学模型

计算流体力学模型多使用有限体积法将城市空间离散化，根据纳维－斯托克斯（N-S）方程求解复杂城市结构中流体的动量传输。相比城市冠层模型，计算流体力学模型的主要优点包括：① 可以耦合求解城市中的流体控制方程以及质量、热量、动量与物质的守恒方程；② 可以根据真实城市几何模型求解数米空间分辨率的流场、温度场等。

计算流体力学模型求解湍流的方法包括直接数值模拟、大涡模拟与雷诺平均模拟。直接数值模拟直接求解完整的三维非定常 N-S 方程，计算所有瞬时运动量在三维流场中的时间演变。因此，直接数值模拟可以计算湍流的全部细节，但计算负荷过大，并不适用于城市规模的流场模拟。大涡模拟的方法是直接使用 N-S 方程求解大尺度的湍流，使用湍流模型描述小于过滤尺度的湍流。因此相比直接数值模拟，大涡模拟在保证较高精度的同时，可以减少计算时间，在城市气候的研究中得到了一定的应用。然而，大涡模拟的计算效率依然无法满足规划设计实践的需求。在城市规划领域，雷诺平均模拟的应用更为广泛。雷诺平均模拟的方法是对 N-S 方程进行时间的平均，将非定常的湍流问题转化为定常的问题，并需要引入湍流模型描述湍流运动。因此，雷诺平均模拟的计算效率明显高于前两种方法，但是其在精确性方面仍存在一些局限，例如高估建筑物迎风面转角附近动能的产生，低估尾迹区域湍流动能的产生。

除了流场的求解，计算流体力学模型还可进一步与辐射、对流、导热等物理过程的控制方程耦合，以计算城市表面的辐射得热、空气与表面的热交换，以及建筑与路面的蓄热等。为了更真实地模拟城市气候，植被、水体与土壤等自然要素的影响也可使用相应的模型进行描述[8]。例如，耦合植物模型可以更精确地计算树冠的遮阳作用和对气流的阻碍作用，以及蒸腾作用对温湿度的影响等；耦合水体模型可以更精确地计算水体内辐射的传输与吸收、水体蒸发对温湿度的影响，以及水体流动对水面与空气间热交换的影响；耦合土壤模型可以计算土壤内部的温度梯度，以及土壤与植物根系的水分平衡，进而模拟土壤湿度对植物蒸腾作用的影响。

3. 气象预报模型

城市冠层模型与计算流体力学模型重点模拟城市冠层内部的物理过程，简化了城市上空的大气运动，因此更适合模拟微观与局地尺度上的城市风热环境，即城市微气候。中观尺度上的风热环境模拟更适合采用气象预报模型，需要考虑边界层内的大尺度物理过程，这些过程直接影响边界层内的风场、温度与湿度。例如，当地表因太阳辐射或水汽凝结产生较强的正向浮力时，边界层中会因热不稳定性形成强烈的湍流；当地表温度低于其上方空气时，负向浮力可能削弱湍流运动与垂直大气混合[9]。

气象预报模型对中观尺度上大气运动的模拟也是基于计算流体力学模型，但是相比微观尺度，中观尺度的计算流体力学模型需要考虑边界层中大尺度的大气运动，例如气旋、大气的垂直混合等。求解这些过程的空间分辨率通常在 500 m 和 1 km 之间，大于城市冠层内建筑与植被的尺度。因此，气象预报模型无法根据三维城市形态求解城市冠层内部的物理过程，而是将三维城市形态参数化，使用近似的物理模型模拟城市对风热环境的影响。此外，中观尺度的城市气候模拟还需要耦合水分模型、土壤模型、积云模型与大气辐射模型等，从而完整地模拟中观尺度气象过程对城市风热环境的影响。

2.5.3　多尺度城市气候的模拟

城市气候的理论模型为不同尺度的城市气候模拟提供了基础，许多机构已经根据这些模型开发了比较成熟的软件工具，例如基于城市冠层模型的 Urban Weather Generator（UWG）、基于计算流体力学模型的 Fluent、ENVI-met，以及基于气象预报模型的 Weather Research and Forecasting（WRF）等。研究人员与工程实践人员可以直接使用这些软件进行城市气候的分析。尽管城市气候理论模型本身的特点会直接影响模拟的准确性，模型应用过程中输入参数的设置也决定了模拟的质量，例如边界条件、计算域设置与城市模型的处理等。

1. 城市气候模拟的软件

（1）基于城市冠层模型的模拟软件

UWG 是基于城市冠层模型的城市气候模拟软件，可以根据郊区气象站观测的气象参数计算城市中的逐时空气温度与相对湿度。因为城市冠层模型的计算负荷比计算流体力学模型小很多，所以 UWG 多被用于局地至中观尺度的热环境模拟，或与建筑能耗模型耦合，为建筑单体的能耗模拟提供微气候参数。UWG 主要由四个模块组成，包括郊区气象站模型（RSM）、垂直扩散模型（VDM）、城市边界层模型（UBL）和城市冠层与建筑能耗模型（UC-BEM）。

四个模块的交互如图 2-34 所示，RSM 模块根据郊区气象站的气象参数计算郊区的显热通量，VDM 模块根据气象站参数与 RSM 计算的显热通量计算郊区的垂直温度分布，在此基础上 UBL 模块计算城市冠层上空的显热通量和空气温度，最后由 UC-BEM 模块计算城市冠层内部的空气温度[10]。

RSM 使用了基于土壤表面能量平衡的郊区冠层模型，可以根据郊区气象站的逐时气象观测数据计算郊区的显热通量，并将其传递到 VDM 与 UBL 模块。VDM 模块基于热扩散方程，根据气象站数据与 RSM 的郊区显热通量计算郊区的垂直温度分布，并将其传递到 UBL 模块。UBL 模块根据 VDM 的垂直温度分布与 RSM 的显热通量计算城市冠层上空的显热通量与空气温度，并将其传递到 UC-BEM 模块。UBL 模块是基于城市边界层中控制单元的能量平衡原理，该控制单元由混合高度与边界层高度限定。UC-BEM 模块根据气象站的辐射、降雨、风速、湿度数据和 UBL 的空气温度计算城市冠层内部的空气温湿度。UC-BEM 模块基于城镇能量平衡模型（Town Energy Balance Scheme）与建筑能耗模型，假设城市冠层内的空气是充分混合的。城市冠层中的能量平衡考虑了来自墙体、窗户和道路的热通量，城市冠层与上层大气之间的显热交换，城市冠层与天空之间的辐射热交换，以及由建筑渗透、暖通空调系统及其他人为热源产生的热通量。

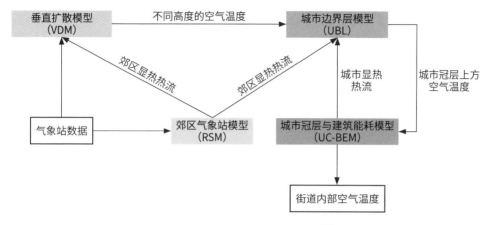

图 2-34　UWG 中各模块间的交互 [10]

（2）基于计算流体力学模型的模拟软件

由于计算流体力学模型广泛应用于机械、能源、环境与航空航天等工程领域，许多通用的 CFD 软件也可以用于城市风热环境模拟。常用的通用 CFD 软件有Fluent、Phoenics、OpenFOAM、scSCTREAM 等，其中 Phoenics 与 scSCTREAM 根据城市规划及建筑领域模拟的特点提供了预制的模块与参数设置。

除了通用软件，ENVI-met 作为一款专门模拟城市微气候的 CFD 软件，在近年的城市气候研究中得到了大量的应用。ENVI-met 使用了大气模型、土壤模型、水体模型、植物模型等多种物理模型模拟城市表面、植被、空气间的相互作用，计算的物理量主要包括以下内容。[11]

- 与建筑、植被的遮阳、反射及再辐射有关的短波和长波辐射通量，考虑了城市冠层中的多次反射以及树冠中的散射辐射。
- 由使用完整的植物参数计算的由植物到空气的蒸腾、蒸发与显热通量；以及使用植物的三维形态，为植物单体计算的动态的水分平衡。
- 包括植物根系吸水在内的土壤系统内的水和热交换。
- 动态的表面温度计算，并可模拟屋顶及墙面绿化的影响。
- 气体和颗粒的扩散。

ENVI-met 的大气模型包括风场、空气温湿度、辐射通量与污染物扩散的求解。风场计算可以为每个时间步数上各空间网格求解雷诺平均 N-S 方程，空气中的显热、潜热与水蒸气通量可进一步根据三维风场计算。辐射模型可根据实际的城市几何要素计算遮阳与反射，并考虑了植物对各辐射通量的影响。污染物扩散模型最多可支持6种不同污染物的同步释放、扩散和沉积，并考虑了地表、植被的沉降和沉积作用，以及 NO、NO_2 和 O_3 之间的光化学反应。

土壤模型包括土壤温度、土壤含水量和植物水分供应的计算。土壤温度的计算包括自然土壤和人工不透水材料的地表温度和土壤温度分布，计算深度为 4 m，每个竖向网格层可以选择不同种类的土壤或人工材料。自然土壤的热导率根据土壤的实际含水量计算，土壤含水量的计算可以动态求解土壤的水力状态，综合考虑土壤水分蒸发、土壤内部水分交换和植物根系吸水。土壤湿度对植物蒸腾作用、光合作用等生理过程都有着直接的影响，结合土壤含水量与三维根系模型动态计算植物的动态供水和由此产生的土壤水分提取，进而更准确地模拟动态的湿度环境下植物的微气候调节作用。水体模型可计算水中短波辐射的传输和吸收过程以及浅层水体的能量平衡，水面湍流混合对水–空气间能量与物质交换的影响可以通过调整交换系数修正。

植物模型包括三维植物几何模型、叶面温度计算以及植物与环境的交互过程。ENVI-met 支持复杂三维植物模型的使用，并内置了常见的草地、灌木、乔木模型，也允许用户自己建立植物模型。叶片温度的计算是将植物冠层简化为若干方网格块，求解与气象环境及植物生理条件有关的叶片表面能量平衡。ENVI-met 的植物模型也考虑了气孔行为，因此可计算植物水分供应对蒸腾速率及叶片温度的影响。除了植物与土壤间的水分交换，植物模型还采用了一种复杂的射线追踪算法，模拟植物对太阳辐射遮挡和长波辐射遮蔽的影响。

（3）中观尺度的模拟软件

中观尺度的大气数值模型有宾夕法尼亚州立大学和美国国家大气研究中心开发的 MM5、美国国家环境预报中心开发的 RSM、美国国家大气研究中心开发的 WRF、中国科学院大气物理研究所开发的 REM 等。多数中尺度的数值软件主要用于气象预报，对城市处理较为简化。为了提高城市区域气候模拟的准确性，WRF 模型中增加了 WRF/Urban 模式，可以更准确地模拟复杂城市形态对城市气候的影响。因此，城市规划领域多使用 WRF 模型模拟城市建设对中观尺度风热环境的影响。

WRF 模型是一种基于质量坐标系的非流体静力、可压缩模型，最初是为数值天气预报开发的。WRF 中耦合的物理过程参数化方案包括大气辐射传输方案、积云对流方案、云微物理方案、边界层方案、近地面方案、陆面过程方案。为了提高城市区域的模拟精度，WRF/Urban 系统进一步整合了四个核心模块，具体包括以下内容。[12]

- 城市表面过程参数化方案，包括体积参数化方案、城市单层冠层方案、城市多层冠层方案，并耦合了建筑能耗模型。
- 精细尺度计算流体动力学的雷诺平均 N-S 方程模型和大涡模型用于传输和扩散的模拟。
- 通过国家城市数据与访问门户工具（National Urban Database and Access Portal Tool）整合高分辨率城市土地利用、建筑形态与人为产热数据。
- 城市化高分辨率土地数据同化系统。

WRF/Urban 的城市表面过程参数化方案耦合了多种城市冠层模型。最简单的城市冠层模型为体积城市参数化模型，它使用 0.8 m 的粗糙长度反映由建筑及构筑物引起的湍流，使用 0.15 的表面反照率反映城市冠层中短波辐射的陷获，通过体积热容区分城市表面与土壤，通过调整植被覆盖率修正因城市化减少的蒸发量。根据 2.5.2 的介绍，单层冠层模型与多层冠层模型可以更全面地反映城市三维形态的影响。WRF/Urban 进一步耦合了建筑能耗模型计算建筑与室外大气的热交换，具体包括通过墙体、屋顶与地板的热量扩散，通过窗户的辐射交换，室内表面间的长波辐射交换，设备产热，暖通空调系统产热。单层冠层模型与多层冠层模型使用的城市参数如表 2-3 所示。

（4）多尺度模型的耦合

各尺度的城市气候模型均具有一定的局限性。微观尺度的计算流体力学模型的优势是可以根据真实的几何模型提供数米空间分辨率的模拟结果，局限是简化了模拟的边界条件。真实城市中每一个子单元的气象边界条件都是多种尺度的大气运动、地形与城市形态综合影响的结果，而微观尺度的模拟一方面简化了中观尺度的大气运动，另一方面也难以全面地覆盖目标区域周围的地形与城市模型。气象预报模型的优势是考虑了中观尺度内的气象过程、地形与城市形态对城市气候的影响，局限

表 2-3 单层冠层模型与多层冠层模型使用的城市参数

参数	单位	是否在模型中使用	
		单层冠层模型	多层冠层模型
建筑高度 h	m	是	否
屋面宽度 l_{roof}	m	是	否
路面宽度 l_{road}	m	是	否
人为产热 AH	W/m^2	是	否
城市占地比例 F_{urb}	—	是	是
屋顶比热容 C_R	$J/(m^3 \cdot K)$	是	是
墙体比热容 C_W	$J/(m^3 \cdot K)$	是	是
路面比热容 C_G	$J/(m^3 \cdot K)$	是	是
屋面导热系数 λ_R	$J/(m^3 \cdot s \cdot K)$	是	是
墙体导热系数 λ_W	$J/(m^3 \cdot s \cdot K)$	是	是
路面导热系数 λ_G	$J/(m^3 \cdot s \cdot K)$	是	是
屋面反照率 α_R	—	是	是
墙体反照率 α_W	—	是	是
路面反照率 α_G	—	是	是
屋顶表面发射率 ε_R	—	是	是
墙体表面发射率 ε_W	—	是	是
道路表面发射率 ε_G	—	是	是
屋面上方动量的粗糙长度 Z_{0R}	m	是	是
墙体上方动量的粗糙长度 Z_{0W}	m	否	否
道路上方动量的粗糙长度 Z_{0G}	m	否	是
南北向街道宽度	m	否	是
东西向街道宽度	m	否	是
南北向街道建筑宽度	m	否	是
东西向街道建筑宽度	m	否	是
建筑高度	m	否	是
各建筑高度所占比例	—	否	是

是城市区域模拟的空间分辨率较低。因此，多尺度模型的耦合成为弥补各模型局限的一种途径。

从数值模拟的角度看，多尺度模型的耦合包括相同物理过程的多尺度嵌套模拟与多尺度物理过程的耦合模拟。

相同物理过程的多尺度嵌套模拟是指各尺度模拟使用的控制方程相同，但网格随尺度缩小逐渐加密，将较大尺度的输出参数作空间插值处理，并作为随后较小尺度模拟的边界条件[13]。该方法主要用于片区尺度至建筑尺度的耦合模拟，典型的案例是模拟城市形态影响下建筑单体的室内通风情况，从城市层级的模拟结果中提取目标建筑周边的风场并进行空间插值，再将其用作室内通风模拟的边界条件（图2-35）[14]。

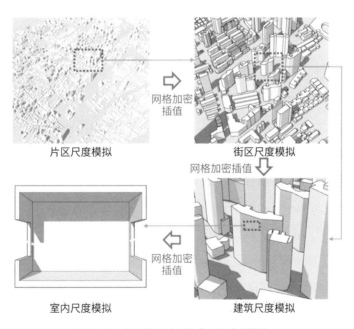

图 2-35　相同物理过程的多尺度嵌套模拟

多尺度物理过程的耦合模拟是指各尺度模拟考虑的物理过程不同，使用的控制方程也不同，较大尺度的输出参数作为随后较小尺度模拟的边界条件[15]。目前该方法主要通过多模型的整合应用实现。例如整合 WRF 与 CFD 软件，利用 WRF 获取中观尺度的温度场和风场，并提取目标街区的模拟结果作为该街区 CFD 模拟的边界条件，从而在微气候的模拟中引入中观气象过程的影响；或整合 CFD 软件与建筑能耗模拟软件 EnergyPlus，利用 CFD 软件获取目标建筑附近的气象参数并作为建筑能耗模拟的边界条件，从而在建筑能耗模拟中引入微气候的影响（图 2-36）[16]。

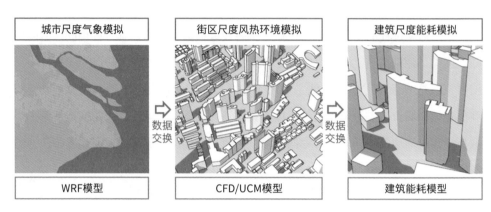

图 2-36　多尺度物理过程的耦合模拟

2. 城市气候模型的应用

（1）计算流体力学模型的应用

在计算流体力学模型的应用中，输入条件的设置对风环境模拟结果的可靠性有着直接的影响，因此许多学者对相关问题进行了研究，并给出了较为系统的模型应用导则，其中被参考最多的是 AIJ（Architectural Institute of Japan）与 COST（Cooperation in the Field of Scientific and Technical Research）提出的 CFD 城市风环境实践导则[17, 18]。AIJ 与 COST 提出的此导则主要包含计算域设置、有限元网格划分、边界条件设置、湍流模型选择、时间步长及收敛准则设置几个方面，具体建议如下。

• 计算域设置：AIJ 建议计算域两边边界的宽度设置成目标建筑 $5H$（建筑高度）的宽度，顶部边界距离目标建筑顶部应不小于 $5H$，出流边界距离目标建筑应不小于 $10H$；COST 建议两边边界的宽度设置为 $2.3W$（建筑群的宽度）。如果建筑群在宽度方向的尺寸远远大于 H，则建议两边边界的宽度设置为 $6H$，顶部边界距离目标建筑顶部应不小于 $5H$，出口应该至少设置为距离目标建筑 $15H$。

• 有限元网格：AIJ 与 COST 均建议在重点观测的区域内，最小的网格分辨率应为 1/10 的建筑尺寸（0.5～5.0 m），评价高度（1.5～5.0 m）的网格应该是距离地面第三层以上的网格。

- 边界条件设置：AIJ 建议入流边界可假设垂直风速廓线符合幂定律或指数定律；两边边界设置为无黏性壁面条件，并采用较大计算域以使计算更加稳定；出流边界处所有变量应设为 0；固体表面边界条件可使用光滑壁面的对数定律或粗糙参数的对数定律。

- 湍流模型选择：AIJ 建议相比标准 $k\text{-}\varepsilon$ 模型，一些修正的 $k\text{-}\varepsilon$ 模型可提供更准确的模拟结果；COST 建议使用线性涡动黏性假设下的双方程模型、非线性模型或雷诺应力模型。

- 时间步长：COST 建议瞬态模拟时每个计算周期应有 10 ～ 20 个时间步长来求解。

- 收敛准则：COST 建议残差曲线下降 4 个数量级时可判断模拟达到收敛。

虽然此导则涵盖了 CFD 城市风环境模拟涉及的主要问题，面对复杂的真实城市环境，仍有一些研究提出了补充性的建议。例如，在包含丘陵或山地地形的模拟中，地形模型与计算域边界的距离应满足 AIJ/COST 的要求，地形模型与计算域平面还应添加平缓的斜面进行过渡；在较大规模的城市风环境模拟中，可根据建筑迎风面边长、建筑宽度以及相邻建筑间距对顺风方向的建筑合并简化。

应用 CFD 模型模拟城市热环境时，与太阳辐射、初始温度状态以及瞬态模拟相关的条件设置会影响空气温度与表面温度的模拟结果，包括网格分辨率、几何模型范围、模拟初始时间、时间步长等。具体的设置建议如下。

- 网格分辨率：在热环境的模拟中，网格会影响建筑阴影计算的准确性，进而影响空气温度与表面温度的计算。一些研究通过比较不同空间分辨率的模拟结果，认为 2 ～ 3 m 的水平网格分辨率可以在平衡计算效率的情况下提供相对可靠的温度结果[19]。

- 几何模型范围：CFD 模拟的几何模型与计算域边界之间需要一个无障碍物的嵌套区保证流场模拟的稳定，但由于嵌套区没有建筑遮阳，其热环境与几何模型内部的热环境存在较大的差异，这使得几何模型边界处的温度结果与实际偏差较大。因此，通常需要在观测区的外围增加一定范围的几何模型，为观测区的模拟提供更接近实际的边界条件。在实践中一般经验性地在观测区外围增加一个街区尺度的几何模型[20]，也有研究提出空气进入几何模型边界，经过 40 ～ 50 个网格的距离后温度可基本稳定[21]。

- 模拟初始时间：在模拟的初始时刻，计算域中所有空气及表面的温度都是一致的，这也与真实的城市热环境有着很大的偏差。因此，CFD 热环境模拟的研究一般建议在日出或温差相对较小的夜间开始模拟，并进行 24 h 的预模拟，使计算域的热环境接近真实的城市环境[22]。

- 时间步长：由于太阳辐射的角度与强度是时刻变化的，CFD 热环境模拟需要使用瞬态计算。ENVI-met 的官方说明建议太阳高度角大于 50° 时，时间步长不宜超过 2 s，太阳高度角小于 50° 时，可以适度增大时间步长。

（2）气象预报模型与城市冠层模型的应用

在目前的研究与实践中，气象预报模型通常与城市冠层模型耦合使用，以提高城市区域气候模拟的准确度，例如耦合了城市冠层模型的 WRF/Urban 系统。中观尺度上模拟城市气候的典型水平分辨率在 500 m 和 1 km 之间，模型计算域可覆盖数百千米的空间跨度。因为中观尺度上典型物理过程的发生尺度远大于微观尺度上物理过程的发生尺度，所以空间分辨率对中尺度气候模拟的影响较小，模拟的准确性更多依赖于城市冠层模型的选择以及城市参数的输入方式。相关研究可以提供如下经验。

- 城市冠层模型的选择：相比平板模型与单层冠层模型，在 WRF 中耦合多层冠层模型可以提高风速与温度模拟的准确性[23]。

- 城市参数的输入方式：WRF/Urban 提供两种城市参数集的输入方式，① 根据实际情况输入城市参数的网格化数据集；② 输入三种城市用地类型的城市参数以及三种用地的分布地图[12]。有研究表明在城市肌理较为异质化的区域，使用第一种城市参数集获得的模拟结果更为准确[24]。当第一种数据集无法获取时，可以使用第二种城市参数集，但应根据城市的具体情况选择最具有代表性的三种用地类型及其对应的城市参数。

3

城市气候

3.1 城市风环境

3.1.1 城市风环境的形成

城市风环境的形成过程涉及多种尺度。在行星尺度上，纬度间的大气热压与地球自转形成的地转偏向力使地球上形成 6 个风带，包括 2 个极地东风带、2 个盛行西风带、1 个东北信风带和 1 个东南信风带。在每个风带内，地形的变化与差异可进一步导致区域间呈现不同的气候特点，并进而形成了城市的背景气象条件。在特定的气候背景下，中微观尺度的城市、景观形态又会使城市内部的风环境呈现高度异质化的特征。在中观尺度上，大型的绿地、广场、宽阔的主干道路都可能形成通风廊道，其内部风速会明显高于密集建成区中的风速。在微观尺度上，建筑单体对气流具有阻碍作用，使其背风面与迎风面的风环境呈现出明显的差异。

1.行星与区域尺度的风环境

（1）行星尺度的大气运动

在行星尺度上，地球各纬度上接收的太阳辐射量有明显的差异，大气在热压的作用下形成了全球尺度的大气环流（图 3-1）。在太阳辐射的作用下，地球高低纬度之间形成了从赤道向两极的温度梯度，使得低纬度地区的大气因增温而膨胀上升，形成赤道低压；极地大气因冷却而收缩下沉，形成极地高压，由此形成的水平气压梯度使近地气流从极地向赤道运动。假设地球不自转且表面性质均匀，赤道与极地之间将在热压的驱动下形成一个单一闭合的直接热力环流圈，近地气流由极地向赤道运动，高空气流由赤道向极地运动。

然而，由地球自转产生的地转偏向力使这种单一闭合的热力环流复杂化。受地球自转的影响，从赤道上空向极地方向运动的气流因地转偏向力的作用向西偏转，并在纬度约 30° 附近偏转为纬向西风。同时，来自赤道的湿暖空气在向北运动的过程中因辐射冷却的作用而密度增大，且受到纬向西风的阻碍，进而产生下沉运动，在南北半球的 20° ～ 35° 形成副热带高压带，赤道地区因空气流出形成赤道低压带。

在副热带高压带，近地面的下沉空气在水平气压梯度力的作用下分为向赤道与向两极运动的两支气流。由副热带高压带向赤道低压带运动的近地气流在地转偏向力的作用下向西偏转，在北半球形成东北信风，在南半球形成东南信风，两支气流在赤道地区辐合上升，补充了由赤道流向两极的空气。由副热带高压带向两极运动的近地气流在地转偏向力的作用下向东偏转，在南北半球各形成盛行西风。与此同时，由极地高压区冷却下沉向赤道运动的近地气流在地转偏向力的作用下向西偏转，形成极地东风。暖湿的盛行西风与寒冷的极地东风在纬度60°附近汇合，形成极锋，暖空气沿极锋滑升到达高空后分为向副热带高压带和极地上空运动的两支气流，同时在近地层形成副极地低压带。向副热带高压带运动的空气在副热带高空下沉，向极地运动的空气在极地上空冷却下沉，补充极地近地层流失的空气，形成极地高压带。

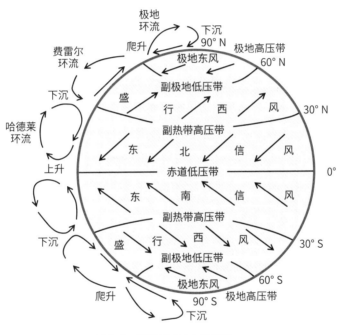

图 3-1　行星尺度的大气环流

（2）区域尺度的大气运动

虽然同一行星风带内的大气在全球太阳辐射差异的驱动下会呈现出总体一致的运动特点，但是海陆、海拔等地形因素的变化会使其内部各区域间产生不同的区域尺度的大气运动情况，并形成不同的气候区。在区域尺度上，影响大气运动的主要因素包括海陆热力性质差异、行星风带的季节性位移和高海拔地形。

海洋的比热容大于陆地，在海陆热力差异的影响下，夏季大陆的表面温度高于海洋，由此产生的气压梯度使大气由海洋向大陆运动，形成湿润的夏季风；冬季大陆的表面温度低于海洋，由此产生的气压梯度使大气由大陆向海洋运动，形成寒冷且干燥的冬季风。这种因大范围海陆差异形成的以年为周期且随季节变化的大气运动被称为海陆季风环流。东亚地区是受海陆季风影响的典型地区，这里位于世界上最大的大陆亚欧大陆东部，且与世界上最大的海洋太平洋相邻，海陆间的气温与气压差异比在其他地区更显著。同时，青藏高原的高大地形进一步加强了夏季的偏南季风与冬季的偏北季风。此外，由于夏季时东亚地区海陆间的气压梯度比冬季小，形成的夏季风也弱于冬季风。

行星风带的季节性位移可导致在两个行星风系交接的地方产生风向随季节变化的现象，该现象在赤道和热带地区最为明显。南亚地区是受行星风带季节性位移影响的典型地区。夏季，太阳直射北回归线附近，使赤道低压带向北移动至赤道与10°N之间。此时，南半球的东南信风越过赤道并在北半球偏转为西南季风，带来暖湿气流形成雨季。冬季，太阳直射南回归线附近，使赤道低压带向南移动。此时，北半球的东北信风越过赤道并在南半球偏转为西北季风，形成干燥少雨的旱季。

高海拔地形对区域大气运动的影响体现在高原地区，高耸的陆地与周围大气的热力差可形成冬夏相反的高原季风，青藏高原是受高原季风影响的最典型地区。青藏高原的海拔在4000 m以上。夏季，青藏高原因高海拔而受到强烈的太阳辐射，中高层大气的温度升高，形成高温低压区，出现与哈德莱环流相反的经向环流。冬季，高原地表温度低，形成低温高压区，出现与哈德莱环流相似的经向环流。当青藏高原的季风环流方向与东亚地区的海陆季风方向一致时，可使东亚地区季风增强，冬季时更为明显。

2. 中微观尺度的风环境

在行星与区域尺度上，大气运动主要受到纬度、大尺度地貌差异导致的气压差的驱动，并决定了中微观尺度上城市风环境的背景气象条件。在中微观尺度上，城市下垫面的异质性与城市中建筑、植被的阻碍会对城市内部的风环境造成不可忽视的影响，这也是城市规划领域最关注的风环境尺度。

（1）中观尺度的风环境

在中观尺度上，地表热工性质、地形变化、人类活动强度的差异依然是比较明显的，由此导致的温度差可以形成小范围的气流运动，地理学上称之为局部环流或地方性风系，通常以一天为周期。典型的局部环流包括海陆风、山谷风与城市热岛环流。中观尺度的海陆风、山谷风等空气循环可以将城市外部的空气引入城市内部，有效地缓解城市热岛效应，改善城市空气质量，而过度的建筑开发导致的高密度城市形态则会对中观尺度的空气循环起到阻碍作用。

海陆风发生在沿海地区，日间气流从海洋吹向陆地，夜间气流从陆地吹向海洋，以一天为周期循环。日间，陆地的升温速度比海水快，使近地面空气上升形成低压，促使气流从海洋吹向陆地形成海风；夜间陆地降温比海水快，使陆地侧空气温度低于海面温度，促使气流从陆地吹向海洋（图 3-2）。在有较大水域的内陆地区，也可产生由水陆温差导致的湖风或江岸风。

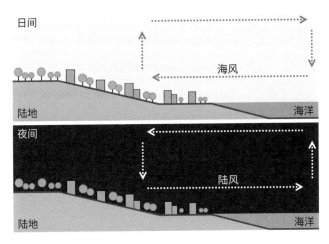

图 3-2　海陆风循环

在山地城市，气流呈现日间从山谷吹向山坡，夜间从山坡吹向山谷的循环模式，也是以一日为周期，称之为山谷风。日间，受太阳辐射的影响，山坡上的空气温度明显高于同高度的自由大气，空气从山谷沿山坡向上爬升，形成谷风；夜间，山坡的辐射降温作用使山坡气温比山谷中同高度的空气温度低，使上层空气从谷地流向坡地，低层山坡上的冷空气从山坡流向谷地，形成山风（图 3-3）。

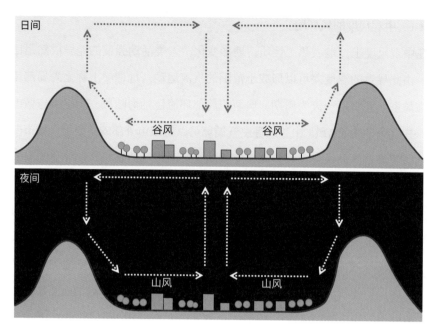

图 3-3　山谷风循环

当湿润空气受到高大山脉阻挡时，会被迫沿山坡爬升，并在爬升的过程中以干绝热直减率冷却降温，在到达水汽凝结高度后可形成降水；空气越过山顶时含湿量已经大大减少，相对干燥的空气沿山坡下沉，并在下沉的过程中以干绝热直减率升温，使背风坡温度高于迎风坡上同高度的空气温度，形成沿背风坡向下流动的干热气流，即焚风（图3-4）。在我国受焚风现象影响的典型地区有横断山脉地区、太行山地区等。

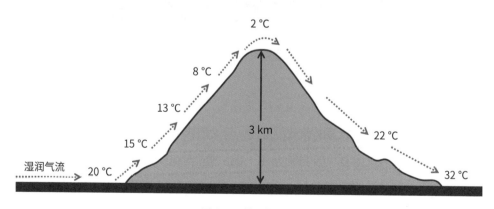

图 3-4　焚风的形成

当大气环流较弱时，由城市热岛效应引起的城市与郊区间的温差可促使热岛环流的形成。城市中，人工下垫面与密集的建筑群使城市在日间吸收的太阳辐射多于郊区地表，因此获得了更多的热量；而辐射、对流的降温过程受建筑物的阻碍，使城市的降温效率低于郊区；同时，城市中交通、设备与工业生产等人为产热也远高于郊区，这些因素共同导致了城市热岛的形成。在城市与郊区温差的驱动下，城市中的热气流上升，郊区的冷空气向城市流动，形成热岛循环（图3-5）。由于城市与郊区的降温速率有着显著的差异，最大热岛强度一般出现在夜间。

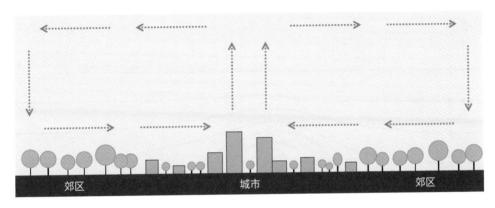

图3-5　热岛循环

此外，当气流由开阔地带进入峡谷地区后风速会明显加快，这种现象被称为峡谷风，是由气流从开阔地带进入峡谷入口时横截面减小、流速加大导致的。在我国，新疆西部的阿拉山口、甘肃河西走廊西部等地区的风环境都受到峡谷风的影响。

（2）微观尺度的风环境

在微观尺度上，建筑物的阻碍作用是影响风环境的主要因素，使城市冠层与粗糙子层内形成复杂的空气流动。当气流遇到单体建筑时，建筑尖角会导致气流的分离，建筑物的阻碍会改变其周围空气的流动状态，使建筑迎风面形成正压扰动，背风面形成负压扰动。正压扰动最大的位置位于建筑迎风面距地面约2/3建筑高度的中心处，称为驻点。在驻点处，气流停止运动，其所有动能转化为静压，气流运动发生分离，分别通过建筑顶部与两侧绕行，以及向下至建筑底部。由于建筑背风面压力较低，建筑的屋顶、两侧及背风侧形成负压扰动，并对周边空气形成吸力，形成与主气流方向相反的循环涡流。建筑迎风面的垂直压力梯度与建筑前后压差的共同作用会使近地面建筑附近的风速加快。建筑背风区的气压与建筑上方自由大气的风速有关，建筑物越高，建筑背风区的风压越低，与迎风侧的压差越大，因此高层建筑附近风速加快的现象更加明显。

根据气流的运动特点可在建筑周围划分出三个区域，在这些区域中气流运动受到建筑物的显著影响，各区域的尺度与建筑高度的关系如图3-6所示。单体建筑对其迎风侧气流的影响可延伸至约3倍建筑高度的距离，对背风侧气流的影响可延伸至10倍至15倍建筑高度的距离，对建筑上方气流的影响可延伸至约3倍建筑高度的距离。

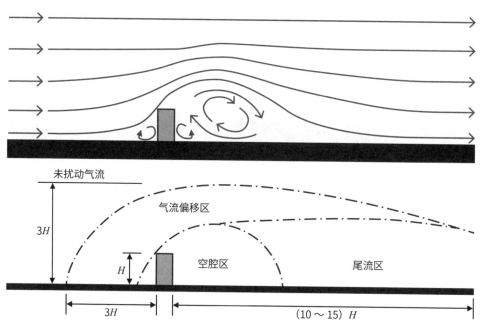

图3-6　单体建筑对气流的影响，以及各区域的尺度与建筑高度的关系[1]

在建筑物的迎风面，由于正压扰动的形成，平均气流的流线会发生偏移，从垂直方向和水平方向绕过建筑物，在建筑周围形成气流偏移区（displacement zone），气流在驻点处发生分离，向上越过建筑顶部、绕过建筑两侧、向下回到地面处。向下的气流到达地面后向远离建筑迎风面的方向运动，并与迎风气流汇合，使近地面的迎风气流与主气流分离，并在建筑迎风面底部形成稳定的涡流。在涡流末端，气流会进一步向建筑两侧延伸并向建筑背风侧运动，形成一个"U"形的气流轨迹，"U"形轨迹两侧为建筑尾流区（wake zone）的两侧边界。

在建筑的背风侧，受负压吸力的作用气流运动以分离为主，形成空腔区（cavity zone）。空腔区的高度为建筑高度的 1 倍至 1.5 倍，宽度约等于建筑宽度，长度为建筑高度的 2 倍至 3 倍；建筑宽度远大于高度时，空腔区长度可增长至约 12 倍建筑高度的距离。空腔区中气流呈循环式的涡旋流动，这是在顺风越过屋顶的涡旋流与水平绕过建筑两侧的涡旋流的影响下形成的。空腔中的涡流循环虽然不是完全孤立的，但在很大程度上限制了空腔区与其外部的空气交换。空腔区下风向上一定区域内的气流依然受到建筑物的影响，并与空腔区共同组成建筑尾流区，整个尾流区的长度为 10 倍至 15 倍建筑高度。

多栋建筑之间气流的运动更加复杂，其中典型的案例是连续街道中的空气流动。当风向与街道方向垂直时，街道附近的空气流动受街道高宽比的影响可分为三种情况，包括孤立粗糙流（isolated roughness flow）、尾迹干扰流（wake interference flow）和滑行流（skimming flow）（图 3-7）。

● 孤立粗糙流形成于街道高宽比小于 0.35 的情况。此时建筑物可被视为相互独立的，建筑周边的空气流动与建筑单体周围的空气流动相似，上风向上建筑尾流区的气流与下风向上建筑迎风侧的气流几乎不存在相互影响。

● 尾迹干扰流形成于街道高宽比在 0.35 和 0.65 之间的情况。此时上风向上建筑空腔区的气流与下风向上建筑迎风侧的气流相互影响，上风向空腔区内的涡流被其下风向建筑迎风侧的偏转气流加强。在两种涡流的相互影响下，街道内的湍流循环被加强了，但是平均风速低于孤立粗糙流的情况。

● 滑行流形成于街道高宽比大于 0.65 的情况。此时迎风气流相当于直接滑过建筑顶部，而很少进入街道内部。屋顶上方的气流与街道内部空气可被视为相互分离的，仅为街道内部空气提供微弱的切向力，使街道内部形成稳定且低速的涡流循环。

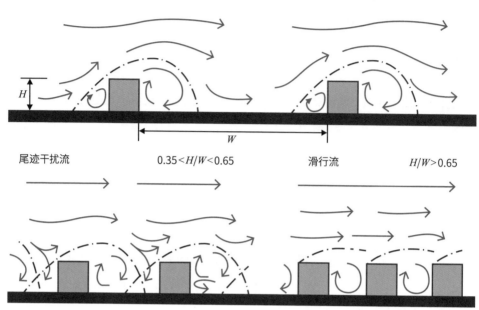

孤立粗糙流　　　　　　　　　　　　　　　　　　　　　$H/W<0.35$

尾迹干扰流　　　　　$0.35<H/W<0.65$　　　　滑行流　　　　$H/W>0.65$

图 3-7　街道高宽比对气流的影响[2]

3.1.2　城市风环境的评价

城市风环境的影响是多方面的。对于行人来说，风环境会影响室外活动的舒适性与安全性。适宜的微风可以给人带来愉悦的感觉，而过高的风速则会影响行人的正常活动，甚至可能引发危险。对于城市环境来说，良好的城市通风在中观尺度上可以将外部空气引入城市内部，缓解热岛效应与空气污染等环境问题；在微观尺度上有助于局部污染物的转移与稀释，减少污染物的堆积。许多量化指标的提出为评价城市风环境在不同层面的影响提供了科学有效的方法。

1. 城市风舒适性评价

城市中的风速直接影响到行人在室外活动的舒适性与安全性。适宜的风速可以给行人带来舒适感，也可以在炎热的夏季促进人体的散热。然而，风速过高则会影响行人的户外活动，甚至危害到行人的安全。

使用风速的合理阈值可以直观地反映城市风环境的舒适性，但由于城市中的风速与风向是动态变化的，对城市风舒适性的评价涉及三个参数，即平均风速（U_m）、阵风风速（U_g）与超越概率。其中，平均风速是指在规定时间内风速的平均值；阵风风速是指在短时间内达到的瞬间极大风速；超越概率是指在规定时间内风速超过风速阈值的概率。

目前主要的城市风舒适性评价标准被列于表 3-1 中，这些标准总体上考虑了平均风速与阵风风速，并为不同的活动定义了可接受的风速阈值与超越概率，各标准间的差异包括阵风风速的定义、风速阈值的限定及超越概率的定义。各标准中的阵风风速可由式（3-1）定义，式中 g 为阵风系数，σ_V 为规定时段内风速的标准差，各标准间阵风风速定义的差异主要体现在 g 值的不同上。例如，在 Hunt 等[3] 的标准中，g 值被定义为 3，U_g 被定义为等效稳定风速（equivalent steady wind speed）；在 Melbourne[4] 的标准中，g 值被定义为 3.5，U_g 被定义为峰值阵风风速（peak gust wind speed）。在表 3-1 的风舒适性评价标准中，Soligo 等[5] 的标准只采用了平均风速 U_m 及其超越概率，而其余的评价标准同时采用了平均风速 U_m 与阵风风速 U_g，并分别为这两个指标规定了阈值风速与可接受的超越概率。此外，Isyumov 与 Davenport[6] 的标准为各类活动规定了 2 种阈值风速，但未明确其对应的风速指标，这里推测较小阈值用于评价平均风速 U_m，较大阈值用于评价阵风风速 U_g。

$$U_g = U_m + g \cdot \sigma_V \tag{3-1}$$

城市中舒适风速的区间与行人的具体活动有关，目前的标准总体从三个角度区分合理风速的阈值，包括停留时间、行为活动与危险风速。例如，对于长时间停留的空间，其舒适风速的阈值应小于短时间停留的空间；提供静坐的空间，其舒适风速的阈值应小于提供站立及行走活动的空间；危险风速的最小阈值一般被定义为大于 12 m/s，且可接受的超越概率远小于舒适风速的超越概率。各标准对风舒适评价的侧重点不同，其定义的阈值与超越概率也有所不同。例如，Melbourne 提出的标准只定义了阵风风速的阈值，各类活动的阵风风速阈值相对宽松，在 10 m/s 与 16 m/s 之间，但可接受的超越概率仅为 0.002%，因此该标准更适合强风环境下的风舒适性评价。相比之下，Soligo 等[5] 提出的标准主要关注平均风速，各类活动的平均风速阈值被定义在 2.5 m/s 与 5 m/s 之间，可接受的超越概率被定义为 20%，因此该标准可以被更加灵活地应用于不同气候背景的地区。

表 3-1 城市风舒适性评价标准

风舒适性指标	空间 / 活动 / 停留时间	阈值	超越概率
Isyumov 与 Davenport[6]: $U_g = U_m + 1.5\sigma_V$	长时间停留	$U_m < 3.58$ m/s	1.5%
		$U_g < 5.37$ m/s	0.3%
	短时间停留	$U_m < 5.37$ m/s	1.5%
		$U_g < 7.61$ m/s	0.3%
	漫步	$U_m < 7.61$ m/s	1.5%
		$U_g < 9.85$ m/s	0.3%
	行走	$U_m < 9.85$ m/s	1.5%
		$U_g < 12.53$ m/s	0.3%
	危险	$U_g > 15.22$ m/s	0.02%
Soligo 等[5]	静坐	$U_m < 2.5$ m/s	20%
	站立	$U_m < 3.9$ m/s	20%
	行走	$U_m < 5$ m/s	20%
	危险	$U_m > 14.44$ m/s	0.1%
Lawson 与 Penwarden[7]: $U_g = U_m + 2.68\sigma_V$	有棚盖空间	$U_m < 3.35$ m/s	4%
		$U_g < 5.7$ m/s	
	站立空间	$U_m < 5.45$ m/s	4%
		$U_g < 9.3$ m/s	
	行走	$U_m < 7.95$ m/s	4%
		$U_g < 13.6$ m/s	
	不可接受	$U_m < 13.85$ m/s	2%
		$U_g < 23.7$ m/s	
Melbourne[4]: $U_g = U_m + 3.5\sigma_V$	长时间暴露	$U_g < 10$ m/s	0.002%
	短时间暴露	$U_g < 13$ m/s	0.002%
	行走	$U_g < 16$ m/s	0.002%
	危险	$U_g > 23$ m/s	0.002%

2. 城市通风性能评价

城市通风性能评价的主要目的是衡量城市对气流运动的影响，例如气流受到的阻力、气流的扩散、城市冠层与其外部间的空气交换等。与之相关的评价指标总体上可分为三类。第一类指标通过城市局部风速与城市外部风速（不受城市影响的风速）的比值评价城市对气流的阻碍或加速作用，包括风速放大系数 AF（amplification factor）和风速比 WVR（wind velocity ratio）。第二类指标通过计算城市冠层与其上方大气的空气交换量评价城市通风性能，包括空气交换速率 U_e（air exchange rate）、污染物交换速率 $U_{e, pollutant}$（pollutant exchange velocity）、顶部空气交换率 ACH_{roof}（roof air exchange rate）、污染物交换率 PCH（pollutant exchange rate），以及修正的顶部空气交换率 $R-ACH_{roof}$（revised roof air exchange rate）。第三类指标通过空气污染物的净化效率评价城市通风性能，包括体积通风速率 Q（volumetric flow rate）、空间平均污染物浓度 C（spatially-averaged pollutant concentration）、净化气流速率 PFR（purging flow rate）、探访频率 VF（visitation frequency）、停留时间 TP（residence time）、空气龄 τ_p（age of air）、气流迟滞时间 τ_d（air delay）。

（1）风速放大系数与风速比

风速放大系数的定义为城市中人行高度的局部风速与郊区中不受城市建筑影响处人行高度风速的比值，可由式（3-2）表示，其中 U_{R1} 通常取郊区气象站测得的风速[8]。当风速放大系数大于 1 时，说明城市局部空间对空气的流动具有促进作用；当风速放大系数小于 1 时，说明城市局部空间对空气的流动具有阻碍作用。与风速放大系数类似，风速比的定义为城市冠层中的风速与其上方边界层顶部不受建筑物影响高度的风速的比值，可由式（3-3）表示，一般认为风速比大于 0.2 时城市的通风性能较好[9, 10]。

$$AF = \frac{U_{L1}}{U_{R1}} \tag{3-2}$$

$$WVR = \frac{U_{L2}}{U_{R2}} \tag{3-3}$$

式中：AF 为风速放大系数；U_{L1} 为城市中人行高度的局部风速，m/s；U_{R1} 为郊区中不受城市建筑影响处人行高度的风速，m/s；WVR 为风速比；U_{L2} 为城市冠层中的风速，m/s；U_{R2} 为城市边界层顶部不受建筑影响高度的风速，m/s。

（2）城市冠层顶部的空气交换量

城市冠层与其顶部大气间的空气交换是影响城市冠层中空气质量的主要原因之一，可以通过计算空气交换量评价城市的通风性能。空气交换速率 U_e 被定义为动量通量与城市冠层顶层上方和下方质量通量之差的比值，用于描述城市冠层顶部污染物、热量或水分的垂直交换速率，可由式（3-4）计算[11]。式中的 U_c 为城市冠层内的时-空简化风速（spatially and temporally simplified in-canopy velocity），它假设屋顶层下方的空气流动是恒定的，而不是遵循对数定律，可由式（3-5）计算[11]。

$$U_e = \frac{\int_A (\overline{uw} + \overline{u'w'}) \, \mathrm{d}A}{A(U_{ref} - U_c)} \tag{3-4}$$

$$U_c = \sqrt{\frac{2F_p}{\rho C_D A_f}} \tag{3-5}$$

式中：$(\overline{uw} + \overline{u'w'})$ 为通过城市冠层顶部界面 A 的垂直动量通量，其中 $\overline{uw}$ 为垂直动量通量的平均贡献量，$\overline{u'w'}$ 为垂直动量通量的湍流贡献量；U_{ref} 为边界层高度自由气流的风速；F_p 为作用在建筑表面的风压力；C_D 为阻力系数；ρ 为空气密度；A_f 为建筑迎风面面积。

在式（3-4）的基础上，可以推导出城市冠层与其上方大气间污染物的交换速率 $U_{e,\,pollutant}$ [12]：

$$U_{e,\,pollutant} = \frac{\int_A (\overline{cw} + \overline{c'w'}) \, \mathrm{d}A}{A\overline{C}} \tag{3-6}$$

式中：$\overline{C}$ 为城市冠层内的空间平均污染物浓度；$(\overline{cw} + \overline{c'w'})$ 为通过城市冠层顶部界面 A 的污染物通量，其中 $\overline{cw}$ 为污染物通量的平均贡献量，$\overline{c'w'}$ 为污染物通量的湍流贡献量。

顶部空气交换率 ACH_{roof} 表示城市冠层与其上方大气的空气交换速率，是屋顶高度的垂直波动速度沿城市冠层顶部界面的积分，其计算见式（3-7）[13]。ACH_{roof} 的计算忽略了城市冠层顶部平均垂直风速的影响。这是因为城市冠层内的再循环流是接近孤立的，平均垂直风速接近于零，湍流分量主导了城市冠层与其上方大气的交换。当空气从城市冠层向上方空气层逸出时，顶部空气交换率可记为 ACH_{roof+}，当空气从上空进入城市冠层内部时，顶部空气交换率可记为 ACH_{roof-}。在式（3-7）的基础上，可以进一步计算城市冠层顶部的污染物交换率 PCH，见式（3-8）[14]。

$$\mathrm{ACH_{roof}}\,(t) = \int_A w''(t)\,|_{\mathrm{roof}}\,\mathrm{d}A \qquad (3\text{-}7)$$

$$\mathrm{PCH}\,(t) = \int_A w''(t)\,|_{\mathrm{roof}}\,\overline{c(t)}\,|_{\mathrm{roof}}\,\mathrm{d}A \qquad (3\text{-}8)$$

式中：$w''(t)\,|_{\mathrm{roof}}$ 为时刻 t 时沿城市冠层顶部界面 A 的垂直湍流波动速度；$\overline{c(t)}\,|_{\mathrm{roof}}$ 为城市冠层内的污染物浓度。

ACH$_{\mathrm{roof}}$ 与 PCH 的应用要求目标区域中的建筑高度基本一致，可以明确地定义出城市冠层的顶部界面。然而，在许多实际的城市区域中，建筑高度之间的差异很大，因此难以定义出明确的城市冠层顶部界面。同时，城市街谷内的通风更多受粗糙子层动力性质的主导。因此，Ho 与 Liu 提出了修正的顶部空气交换率指标 R-ACH$_{\mathrm{roof}}$，将城市冠层与其顶部大气之间的交换界面调整为粗糙子层，使得 R-ACH$_{\mathrm{roof}}$ 可以用于建筑高度变化的城市区域，其计算见式（3-9）[15]。

$$\mathrm{R\text{-}ACH_{roof}}\,(t) = \frac{\int_{\Omega_r} w_+''\,\mathrm{d}\Omega}{\int_{\Omega_r}\mathrm{d}\Omega} \qquad (3\text{-}9)$$

式中：Ω_r 为粗糙子层范围；w_+'' 为粗糙子层高度的垂直向上的湍流波动速度。

（3）空气污染物净化效率

多数评价空气污染物净化效率的指标最初是针对室内的通风评价提出的，后来被应用于城市通风评价，包括体积通风速率 Q、空间平均污染物浓度 C、净化气流速率 PFR、探访频率 VF、停留时间 TP、空气龄 τ_p。在空气龄 τ_p 指标的基础上，Antoniou 等[16] 针对 CFD 城市风环境模拟的特点，提出了气流迟滞时间 τ_d 指标。

体积通风速率 Q 是特定城市区域中单位时间通过的空气体积，计算见式（3-10）[17]。单位时间内通过城市区域的空气量越大，城市中污染物的稀释效果越好。空间平均污染物浓度 C 表示特定城市区域中的污染物浓度的空间平均值，计算见式（3-11）[18]。

$$Q = \left(\int_A \vec{u} \cdot \vec{n}\,\mathrm{d}A\right) \qquad (3\text{-}10)$$

式中：$\vec{u}$ 为风速矢量；$\vec{n}$ 为开放区域表面的法向；A 为开放表面的面积。

$$C = \frac{\int_{\mathrm{Vol}} c^*\,\mathrm{d}x\,\mathrm{d}y\,\mathrm{d}z}{\mathrm{Vol}} \qquad (3\text{-}11)$$

式中：c^*为局部污染物浓度；Vol 为城市区域的体积。

空间平均污染物浓度 C 可以评价城市通风对空气污染物净化的结果，但无法反映空气污染物在城市冠层中的扩散过程。净化气流速率 PFR、探访频率 VF、停留时间 TP 可以进一步反映污染物在城市冠层中的稀释、回流与逸出等行为。净化气流速率 PFR 的定义是排出城市冠层中产生的空气污染物所需的有效气流速率，包括空气的平均流量与湍流扩散，可以衡量城市区域中空气污染物的稀释程度，其计算见式（3-12）[18]。探访频率 VF 表示粒子进入并离开城市区域的次数，其计算见式（3-13）。VF=1 表示粒子产生后直接从城市区域排出，仅在城市区域中出现 1 次；VF=2 表示粒子排出城市区域后，又在再循环流的影响下回到城市区域中[19]。停留时间 TP 表示从粒子首次进入或产生于城市冠层中至其离开城市冠层所需的时间，其计算见式（3-14）[19]。

$$\text{PFR} = \frac{S \times \text{Vol}}{C} \tag{3-12}$$

$$\text{VF} = 1 + \frac{\Delta q}{q} = \frac{\rho \sum_{i=1}^{n} A_i (uc + \overline{u'c'})}{\text{Vol} \times S} \tag{3-13}$$

$$\text{TP} = \frac{\text{Vol}}{\text{PFR} \times \text{VF}} \tag{3-14}$$

式中：S 为污染物释放率；Δq 为流入城市区域的污染物量；q 为污染物释放量；A_i 为入流边界上第 i 个表面的面积；n 为入流边界上总的表面数量；u 为入流风速；u' 为风速波动；c 为污染物浓度；c' 为污染物浓度波动。

空气龄 τ_p 起初用于评价室内空气质量，表示室外空气进入室内指定位置经历的时间，计算见式（3-15）[17]。在城市风环境评价中，空气龄 τ_p 表示城市外部空气进入城市内部指定位置所经过的时间，这种应用假设城市外部空气是新鲜的，并且离开指定城市区域后不会再返回。使用 CFD 模型时，局部空气龄等于空气从计算域入流边界到城市局部位置经历的时间，因此所计算的城市空气龄在很大程度上取决于计算域尺度与入流边界的位置，影响了空气龄 τ_p 评价城市通风性能的可靠性。为了解决这一问题，Antoniou 等[16] 提出了气流迟滞时间 τ_d 指标，其定义为城市区域某一位置的 τ_p 与在相同大小的空计算域内同一位置的 τ_p 之差，可由式（3-16）表示。因此，气流迟滞时间可以表示由城市建筑的阻碍作用导致的气流到达指定位置的时间延迟，并且不受入流边界位置的影响。

$$\tau_{\rm p} = \frac{c_{\rm p}}{S} \qquad (3\text{-}15)$$

$$\tau_{\rm d} = \tau_{\rm p} - \tau_{\rm p, empty} \qquad (3\text{-}16)$$

式中：$c_{\rm p}$为局部污染物浓度；S为局部污染物释放率；$\tau_{\rm p}$为城市区域局部位置的空气龄；$\tau_{\rm p, empty}$为相同大小的空计算域内相同局部位置的空气龄。

3.1.3 城市风环境的优化

城市风环境优化设计措施的选择应考虑其适用的尺度。在中观尺度上，由热压驱动的海陆风循环、山谷风循环及城市与郊区热岛循环等中尺度空气环流可以有效地缓解城市热岛效应，改善城市空气质量。然而，密集的城市建筑会阻碍外部气流的渗入，影响空气循环过程。因此，在中观尺度上提升城市风环境的关键在于积极地引入城市外部的新鲜空气，保证城市内部空气的可流通性。在城市建设过程中保留低粗糙度的城市通风廊道成为平衡土地开发与城市生态环境的有效措施。在微观尺度上，提升城市风环境的主要目的在于提高行人活动的舒适性、安全性，促进局部污染物的稀释。因此，在微观尺度上可通过调整局部城市形态减少静风区与高风速区，优化主要活动空间的风速。

1. 城市通风廊道设计策略

（1）城市通风廊道的定义

城市通风廊道的定义是"功能性空间与补偿性空间之间的连接，可以促进新鲜空气进入城市中心区"，其中"补偿性空间"包括绿地、森林等空气优质的区域，"功能性空间"包括密集的城市中心区等[20]。Mayer 等[21]将通风廊道定义为"空气阻力低的城市空间，可以将郊区空气引入城市中"。通过将干净且温度相对较低的空气引入城市中，通风廊道不仅可以提高风速，还可以发挥改善城市空气质量、缓解热岛效应的功能。在沿海城市与山地城市，通风廊道可以将来自海面或山区的空气引入城市内部，促进海陆风与山谷风循环。在街区尺度上，经过城市绿地或水体的通风廊道可以将绿地或水体表面的空气引入周边的城市区域，扩大城市冷岛的降温范围。因此，通风廊道可以在中观与局地两种尺度上发挥作用。在中观尺度上，通风廊道的主要功能是将郊区的空气引入城市内部；在局地尺度上，通风廊道主要促进街道内部通风，并将城市绿地、水体上方的空气运输至周边区域（图 3-8）。

根据通风廊道的定义与功能，可以总结出通风廊道的两个要点。

● 通风廊道是一种城市空间的概念，其下垫面粗糙度低，可以促进其内部空气的流动。

● 通风廊道要发挥连接的作用，通过引导气流连接城市"功能区"与"补偿区"，其内部形成连续的空气路径，将"补偿区"的空气输送至"功能区"。

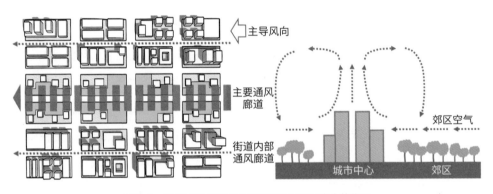

图 3-8　城市通风廊道在中观与局地两种尺度上的作用

（2）城市通风廊道的识别

在设计城市通风廊道前，应首先识别城市现状中可能形成通风廊道的空间，再结合具体情况对城市通风廊道进行优化。目前常用的通风廊道识别方法可分为三类。

① 根据城市几何形态识别。由于城市几何形态对通风效果有着直接的影响，根据城市几何形态参数的范围可以便捷地识别出具有较高通风潜力的城市空间。常用于识别通风廊道的几何形态参数包括城市表面粗糙度（surface roughness length，简称 SRL）、零平面偏移（zero-plan displacement，简称 ZD）、建筑迎风面指数（frontal area index，简称 FAI）、建筑迎风面密度（frontal area density，简称 FAD）、天空可视度（sky view factor，简称 SVF）、廊道方向、廊道长度、廊道宽度等。相关文献中对通风廊道几何形态参数的判定准则被列于表 3-2 中。其中，Mayer 等[21] 较早地提出了根据城市表面粗糙度与廊道尺度识别通风廊道的判定准则，Yuan 等[22] 提出了

根据建筑迎风面密度识别通风廊道的判定准则，但这些准则没有对通风廊道的通风能力进行区分。香港中文大学任超教授的团队进一步根据通风能力的不同，将通风廊道分为主级通风廊道与次级通风廊道，并为各级通风廊道制定了系统的识别标准，使得城市通风廊道的几何形态判定准则更加完善且灵活[20]。

② 根据风速识别。相比城市几何形态，风速可以更直观地反映城市空间的通风情况，相关文献中对通风廊道的风速判定准则被列于表 3-3。随着计算机性能的提高，

表 3-2　城市通风廊道几何形态参数的判定准则

文献贡献者	判定准则
Mayer 等[21]	定义城市通风廊道的几何形态应符合如下标准：① SRL 小于 0.5 m；② ZD 可忽略；③ 同一方向上的长度大于 1 km；④ 最小宽度是横向障碍物高度的 2～4 倍，且不小于 50 m；⑤ 路径的边缘相对光滑；⑥ 障碍物的宽度应小于廊道宽度的 10%；⑦ 廊道中障碍物的高度不应大于 10 m；⑧ 廊道中障碍物的长边与廊道方向平行；⑨ 两相邻障碍物高度与水平距离的比值应小于 0.1（建筑）或 0.2（树）
Gál 等[23]	定义城市通风廊道的几何形态应符合如下标准：① SRL 小于 0.5 m；② ZD 可忽略（小于 3 m）；③ 同一方向上的长度大于 1 km；④宽度不小于 50 m
Yuan 等[22]	使用 27 m 高度范围的 FAD 值分析武汉市城市通风阻力，将其分为 0～0.35、0.35～0.45、0.45～0.6 和大于 0.6 几个区间，FAD 小于 0.45 的区域可被识别为通风廊道
Ren 等[20]	将城市通风廊道分为主级通风廊道和次级通风廊道。 主级通风廊道的标准为：① 廊道与盛行风向的夹角不大于 30°；② 廊道长度大于 5 km；③ 廊道宽度不小于 500 m（或 200 m）；④ SRL 不大于 0.5（或 SRL 小于 1 且 SVF 不小于 0.65）。 次级通风廊道的标准为：① 廊道与盛行风向的夹角不大于 45°；② 廊道长度大于 2 km（或 1 km）；③ 廊道宽度大于 80 m（或 50 m）；④ 廊道内障碍物的宽度应小于廊道宽度的 10%；⑤ SRL 小于 1 且 SVF 最好不小于 0.65

表 3-3　城市通风廊道的风速判定准则

文献贡献者	判定准则
Wong 等[24]，Guo 等[25]	使用数值模拟或实测方法获取风速，将主导风向下风速相对较高的空间识别为通风廊道，没有定义具体的风速阈值
Chen 等[26]	使用通风量指标验证通风廊道，发现廊道内通风量大于 1.3×10^4 m³/s，最大通风量 2.48×10^4 m³/s，廊道外部通风量小于 1.1×10^4 m³/s
Wang 等[9]	使用风速比分析城市通风能力，将主导风向下风速比大于 0.1 的区域识别为通风廊道，其中风速比大于 0.2 时通风廊道的通风能力更强

规划设计中越来越多地根据数值模拟结果识别城市通风廊道，通风廊道内的风速通常明显高于其周边城市空间的风速。由于风速无法直接反映通风廊道对空气流动的作用，也可以使用通风量（Q）或风速比（WVR）定量评价通风廊道的通风能力。Wang 等[9]建议风速比大于 0.1 的空间可以被识别为通风廊道，且风速比大于 0.2 时通风廊道的通风能力更强。

③ 根据空气路径识别。通风廊道的主要功能是提供连接"功能区"与"补偿区"的空气路径，因此根据空气路径识别通风廊道更加可靠。使用数值模型可以直接分析城市中的空气路径。Grunwald 等[27]使用 KLAM_21 模型分析了城市中的冷空气运动路径，再根据冷空气路径的冷源面积、冷空气路径面积、冷源上方空气量、冷空气路径上方空气量、冷空气影响区域面积、有效冷空气量这 6 个指标划分冷空气路径的等级。Xu 等[28]使用 FLEXPART-WRF 模型模拟了粒子在区域尺度上的运动情况，并根据空间的累积粒子停留时间识别通风廊道位置。除了数值模型外，也有学者尝试使用空气流动的近似模型模拟城市通风路径。这类方法通常使用城市表面粗糙度、建筑迎风面指数、天空可视度等形态参数表示城市中各空间单元的空气阻力，再使用最小成本路径模型[24]、电路模型[29]与水力模型[30]等分析城市通风路径。这类模型认为城市中空气总体上向阻力小的空间流动，通风路径应遵循总阻力最小原则，通过实测与数值模拟可以验证这些方法的有效性。

（3）城市通风廊道的设计准则

通风廊道设计的基本原则可总结为如下三点。

● 通风廊道内应可形成连续的通风路径，其方向应顺应主导风向。

● 通风廊道应促进空气流动，应限制其内部建筑、植被等障碍物的通风阻力。

● 通风廊道应具有较大的尺度，提供足够的通风量。

根据发挥作用的尺度，可将城市通风廊道进一步分为主级通风廊道与次级通风廊道。主级通风廊道在中观尺度（即城市尺度）上发挥通风作用，连接城市与郊区，促进郊区空气进入并通过城市中心区域。因此在空间尺度上，主级通风廊道应具有较强的连续性，可以贯穿城市的主要区域，其宽度通常大于 200 m。主级通风廊道内的土地开发应受到严格的限制，通常以分散的低层建筑或绿地为主。次级通风廊道在局地尺度（即城市片区或街区的尺度）上发挥通风作用，可促进城市小型绿地、水体与其周边建成区的空气交换。次级通风廊道的宽度一般大于 50 m，通常由城市中的广场、绿地与道路组成，主要促进城市冠层内部的通风。

① 主级通风廊道设计的具体要点如下。

● 主级通风廊道的方向应顺应当地主导风向，与主导风向的夹角应小于 30°。

● 主级通风廊道应连接郊区与城市，贯穿城市中的主要区域，尽量经过大型绿地、水体等优质空气源。

● 主级通风廊道的宽度不宜小于 200 m，可规划部分宽度大于 500 m 的主级通风廊道，用于引导自然空气。

● 主级通风廊道内的土地开发应受到严格的控制，其地表粗糙度不宜大于 0.5，建议通风廊道范围内除道路、绿地和广场以外的建设用地比例不大于 20%，建设用地的建筑密度应小于 30%，建筑高度应小于 24 m，建筑方向应与主导风向协调。

② 次级通风廊道设计的具体要点如下。

● 次级通风廊道的方向应顺应当地主导风向，与风向的夹角应小于 45°。

● 次级通风廊道的长度建议不小于 1 km，宽度不小于 50 m。

● 次级通风廊道内的天空可视度不宜小于 0.65，距地面 15 m 高度范围内的建筑迎风面密度不宜大于 0.45。

● 次级通风廊道应尽量与城市中的广场、绿地整合。

2. 街区形态设计策略

城市中局部空间的风环境主要受其周边建筑与植被形态的影响。建筑物与树冠茂密的植被对气流具有阻碍作用，可能导致静风区的形成，不利于污染物及人为产热的排出。狭窄的街巷对气流具有加速作用，过高的风速会对行人的安全造成隐患。因此，局部风环境的提升既应减少静风区，也要注意避免高风速区的产生。具体的优化设计措施可分为建筑群体形态、建筑单体形态与绿化三个方面。

（1）建筑群体形态的优化设计

影响微观尺度风环境的主要因素包括建筑群的迎风阻力与建筑群内的路网结构。建筑群的迎风阻力可以由建筑群的迎风面指数（FAI）和迎风面密度（FAD）描述，前者被定义为迎风方向上建筑立面总面积与单元地块面积的比值，后者被定义为指定高度内建筑立面总面积与单元地块面积的比值（图 3-9）。相比 FAI 指标，15 m

高度范围内的 FAD 对人行高度风环境的影响更大[31]。

根据 FAD 与风速比的关系，可将 FAD 分为四类。分类 1：FAD ≤ 0.35；分类 2：0.35 < FAD ≤ 0.45；分类 3：0.45 < FAD ≤ 0.6；分类 4：FAD > 0.6[32]。其中，分类 1 与分类 2 的自然通风较为理想，分类 3 与分类 4 对气流具有较大的阻碍作用。当 FAD 值大于 0.6 时，人行高度风速比一般小于 0.1，此时城市自然通风较差；当 FAD 值小于 0.35 时，人行高度风速比一般大于 0.2，此时城市自然通风较为理想。因此，设计中至少应保证 15 m 高度范围内建筑群的 FAD 小于 0.6，最好可以将其控制在 0.35 以内。在严寒地区及夏热冬冷地区，可以根据冬夏两季主导风向的特点灵活调整建筑群形态，使夏季主导风向上的 FAD 小于 0.35，促进自然通风；使冬季主导风向上的 FAD 大于 0.6，阻挡冷风的渗入。

街道方向与街道通风阻力有直接的关系，街道与主导风向小于 30° 时，街道内部才能够形成自然通风。在街区路网的设计中，应尽量使大多数道路的方向顺应主导风向。同时，街区中主要道路的方向应尽量与主导风向一致，提高街区的通风性能。图 3-10 中列举了两种网格型的街区路网，其中图 3-10a 中多数道路的方向与主导风向相同，而图 3-10b 中多数道路的方向与主导风向垂直，因此图 3-10a 的通风效果会明显好于 3-10b。

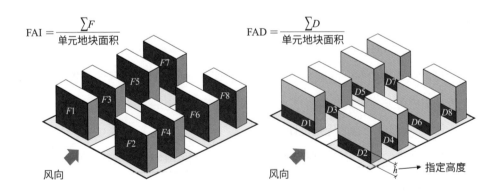

图 3-9　FAI 与 FAD 的定义

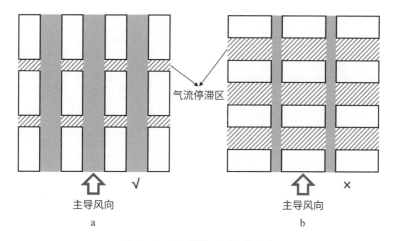

图 3-10　路网结构对通风的影响

（2）建筑单体形态的优化设计

以城市商业区为代表的城市中心区通常呈现高密度的特征，并以大体量高层建筑为主，难以将建筑群整体的迎风面密度控制在合适的范围内。此时，可以通过建筑单体形态的优化降低建筑群的通风阻力，具体措施包括建筑局部架空与大体量建筑体量的碎化。

建筑局部架空包括建筑底层架空与建筑中间层架空。建筑底层架空是指将建筑底部 1 至 2 层的部分空间架空，为自然通风留出空间。在高密度建筑群、围合式与板式建筑群中，建筑底层架空的设计手法可以有效改善人行高度的自然通风，并形成建筑"灰空间"，丰富建筑使用者的空间体验（图 3-11）。建筑中间层架空是指将建筑物的部分中间层进行削减，从而降低建筑群的迎风面密度，主要用于减小高层建筑群的整体通风阻力（图 3-12）。进行建筑局部架空设计时，也应注意使用数值仿真的方法评估方案的表现，避免架空区域产生过高的风速。

城市现代商业建筑通常呈现大体量的特点，以大体量多层建筑和大体量裙房组合塔楼建筑为主，对气流具有十分明显的阻碍作用。同时，大体量建筑的基底面积通常在 1 万 m² 以上，底层架空的通风策略并不适用于大体量建筑群。此时，建筑体量的碎化是改善该类街区自然通风的合理措施。可以将完整的建筑体块处理为几个小体量建筑的组团，在建筑体块间留出可供气流穿过的空间。建筑体块间的通风路径可以作为半室外的商业步行街或广场等，与建筑自身的功能有机地结合。

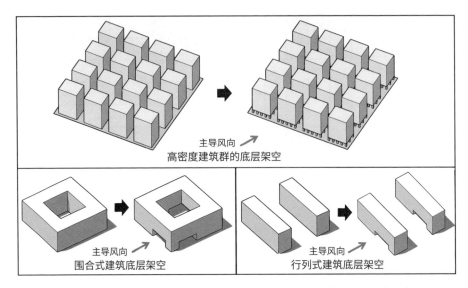

主导风向 →
高密度建筑群的底层架空

主导风向
围合式建筑底层架空

主导风向
行列式建筑底层架空

图 3-11　建筑底部架空的风环境优化策略

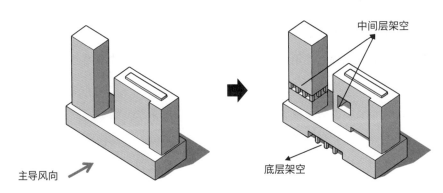

中间层架空

主导风向

底层架空

图 3-12　建筑中间层架空的风环境优化策略

（3）绿化的优化设计

　　行道树在风环境优化中的主要作用是减缓高风速区的风速，叶片茂密的树冠对气流有较强的阻碍作用。在寒冷地区，在建筑群的冬季迎风方向上连续种植常绿的行道树可以有效减缓建筑群内部的风速，也可以减少建筑物的冷风渗透并降低建筑冬季采暖能耗。在城市开放空间的设计中，也可以考虑在广场、道路等主要活动空间附近种植灌木与乔木植物，起到冬季防风的作用。然而，在高密度建筑群中，行道树可能进一步阻碍建筑群中的自然通风，此时可以选择树干高、树冠直径小且树叶稀疏的树种。

3.2 城市热环境

3.2.1 城市热环境的形成

城市热环境的形成与多种尺度上的因素有关。在行星尺度上，城市间的纬度差异与地形、地貌差异使全球形成 7 种天文气候带与 17 种气候区，城市所在的纬度及气候区决定了城市热环境的基本特点。在确定的气候背景下，城市下垫面的热工性质、城市建筑肌理、人类活动强度等方面的差异又会进一步在城市内部形成不同的热环境。城市绿地是城市中温度较低的区域，通常可以形成城市冷岛。在空气对流的作用下，城市绿地的降温效应可以延伸至其外部的建成区域。城市中心的高密度商务区通常是城市中温度最高的区域，可以形成城市热岛。在单体建筑附近，由于建筑遮阳的影响，热环境也会有一定的变化。建筑北侧在多数时间里处于阴影中，受到的太阳直射少，温度较低，可以带来更令人满意的热舒适度。

1. 天文气候带与全球气候类型

太阳辐射是形成全球气候系统的重要因素，也是驱动大气运动和大气中各种物理过程的主要能量来源。地球上各纬度间接收太阳辐射的差异是形成各种气候类型的最主要因素。根据地球上太阳辐射的分布情况，可以把地球划分为 7 个天文气候带（图 3-13）。

- 赤道带：位于 $10°S \sim 10°N$，横跨赤道，一年经历两次太阳直射，正午太阳高度角很大，昼夜长短几乎一致；年平均温度为 $25 \sim 27 \,°C$，月平均温度都在 $18 \,°C$ 以上。

- 热带：位于纬度 $10° \sim 25°$，横越南北回归线，回归线以内的地区一年经历两次太阳直射；全年温度较高，最热时期的月平均温度通常在 $22 \,°C$ 以上，最冷时期的月平均温度通常不低于 $10 \,°C$。

- 亚热带：位于纬度 $25° \sim 35°$，无太阳直射，每年中夏半年接收的太阳辐射量仅次于热带但大于赤道带，冬半年接收的太阳辐射较少；由于太阳高度呈季节性变化，一年中存在明显的季节交替，夏热冬冷。

- 温带：位于纬度 $35° \sim 55°$，太阳辐射的季节性变化显著，四季分明，全年温度变化很大。

- 亚寒带：位于纬度 55°～60°，昼夜长短差别明显，无极昼、极夜现象。

- 寒带：位于纬度 60°～75°，昼夜长短差别显著，极圈内存在极昼、极夜现象。

- 极地：位于纬度 75°～90°，几乎有半年为极夜，另半年为极昼，但极昼期间太阳高度仍然很低，最热时期的月平均温度都在 10 ℃ 以下，气候极其寒冷。

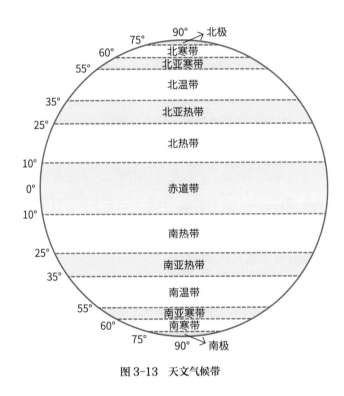

图 3-13　天文气候带

除了太阳辐射外，大气环流、洋流、海陆影响、地形等因素都是造成地区间气候差异的重要因素，这些因素的共同作用使全球形成了多种气候区。我国气候学者采用成因气候分类法，并将年可能蒸散量作为划分气候带的标准，将全球分为低纬度气候带、中纬度气候带、高纬度气候带和高地气候带，再根据环流及下垫面特征来划分气候类型。

（1）**低纬度气候**

低纬度气候包括赤道气候（10°S～10°N，亚洲为 10°～20°N）与热带气候（南、北纬 5°～25°），全年可能蒸散量在 1300 mm 以上。低纬度气候主要受赤道气团、热带大陆气团和热带海洋气团控制，引起气候差异的环流系统有赤道辐合带、信风带、赤道西风带、热带气旋和副热带高压等。

① 赤道气候：即赤道多雨气候，也称为热带雨林气候，分布于赤道两侧的 10°S ～ 10°N 内，一年中有两次太阳直射。这里全年都受到温暖潮湿的赤道气团和热带海洋气团的影响，是赤道气团的源地，且位于赤道辐合带内，南北半球的信风在此辐合上升，气候呈微风、多雷阵雨、闷热潮湿的特点。

② 热带气候：包括热带海洋性气候、热带干湿季气候、热带季风气候、热带干旱与半干旱气候。

● 热带海洋性气候：分布于南、北纬 10° ～ 25° 信风带的大陆东岸及热带海洋中的若干岛屿，这些地区是信风的迎风海岸，终年盛行热带海洋气团，具有海洋性气候特征，全年气温高，降水量多。

● 热带干湿季气候：也称为热带草原气候，主要分布于南、北纬 5° ～ 15°，部分区域延伸至 25° 左右；由于赤道辐合带的季节性南北向移动，赤道气团和热带大陆气团在这里交替出现，形成干季与湿季；干季时气候带受热带大陆气团控制，盛行下沉气流，气候干燥少雨；湿季时气候带受赤道辐合带影响，气流辐合上升，盛行风来自赤道海面，气候湿润多雨。

● 热带季风气候：主要分布在纬度 10° 到回归线附近的大陆东岸；一年中在热带季风的影响下，风向有明显的季节性变化；夏季行星风带向北移动，大陆上形成印度低压，盛行西南季风，受赤道海洋气团控制，降水量大；冬季行星风带向南移动，大陆上形成蒙古高压，盛行来自大陆的东北风，受热带大陆气团控制，降水稀少。

● 热带干旱与半干旱气候：主要分布于南、北纬 15° ～ 25°，可被进一步分为热带干旱气候、热带西岸多雾干旱气候和热带半干旱气候三种亚型。热带干旱气候带位于内陆热带大陆气团的源地，处于信风带的背风海岸，终年受副热带高压下沉气流控制，降水极少。热带西岸多雾干旱气候分布于纬度 10° ～ 30° 附近的热带大陆西岸，这里有冷洋流经过，处于副热带高压的东部边缘，受盛行下沉气流与冷洋流的影响，空气湿度大，气候多雾少雨。热带半干旱气候分布于热带干旱气候带的外缘，5 月至 10 月因赤道槽北移而受到热带海洋气团和赤道低压槽中辐合上升气流的影响，形成短暂雨季，其余时间受副热带高压下沉气流和东北信风带来的热带大陆气团的影响，干燥无雨。

（2）中纬度气候

中纬度气候包括亚热带气候（主要分布于南、北纬25°～35°）与温带气候（主要分布于南、北纬35°～55°）。中纬度气候带是热带气团和极地气团交汇的地带，受盛行西风、温带气旋和反气旋、副热带高压、热带气旋、极锋等大气环流系统的影响，天气与降水都有明显的季节性变化。

① 亚热带气候：包括亚热带干旱与半干旱气候、亚热带季风气候、亚热带湿润气候、亚热带夏干气候（地中海气候）。

● 亚热带干旱与半干旱气候：主要分布在南、北纬25°～35°的大陆西岸及内陆地区，是在副热带高压下沉气流和信风带背岸风的影响下形成的；夏季受干燥的热带大陆气团控制，天气晴朗，高温干旱；冬季受极锋和锋面气旋的影响天气极不稳定，温度和降水变化明显。该气候按干旱程度可被进一步分为亚热带干旱气候和亚热带半干旱气候两种亚型，前者是热带干旱气候向高纬度的延续，呈少云少雨、日照强、夏季温度高的特点；后者是干旱气候向其他气候的过渡类型，分布在亚热带干旱区外缘，与前者相比夏季气温稍低，冬季在温带气旋南移的影响下降水稍多。

● 亚热带季风气候：分布于纬度25°～35°亚热带的亚洲东部；夏季时气候带处于西太平洋副热带高压西侧，盛行来自海洋的西南季风、东南季风，季风带来热带海洋气团，使气候湿热，降水量大；冬季时受蒙古高压控制，盛行来自内陆的东北季风，季风带来极地大陆气团，使气候干冷，降水量明显小于夏季。

● 亚热带湿润气候：分布于北美大陆东岸25°～35°N的大西洋沿岸和墨西哥沿岸，南美的阿根廷、乌拉圭和巴西南部，非洲的东南海岸和澳大利亚的东南岸。这些地区的纬度及海陆相对位置与东亚的亚热带季风气候带相似，但大陆面积较小，导致海陆热力差异小，无法形成季风气候；夏季时受大洋副热带高压西侧潮湿的热带海洋气团控制，沿岸有暖洋流经过，气候温暖潮湿；冬季时来自高纬度的锋面气旋活动频繁，气候温和湿润。

● 亚热带夏干气候：也称地中海气候，分布于南、北纬30°～45°的大陆西岸；夏季时气候带受大洋副热带高压东侧下沉气流的影响，天气呈晴朗干燥的特点；冬季时气候带因副热带高压的南移而受到来自大洋的西风气流的影响，温带极锋移向副热带纬度导致气旋活动频繁，降水量增加，天气呈温暖湿润的特点。

② 温带气候：包括温带海洋气候、温带季风气候、温带大陆性湿润气候、温带干旱与半干旱气候。

● 温带海洋气候：分布在南、北纬 40°～60° 的大陆西岸；终年盛行西风，受温带海洋气团控制，且沿岸有暖洋流经过，气旋活动频繁，天气呈冬暖夏凉、全年湿润、阴雨及云雾日多、日照较少的特点。

● 温带季风气候：分布在 35°～55°N 的亚欧大陆东岸；夏季受西太平洋副热带高压西北侧的东南风影响，盛行东南季风，受热带海洋气团控制，暖热多雨；冬季受蒙古高压的影响，盛行西北季风，主要受极地大陆气团控制，寒冷干燥。

● 温带大陆性湿润气候：也称温带森林气候，主要分布于亚欧大陆温带海洋性气候区的东侧和北美约 100°W 以东 40°～60°N 的地区；夏季因海洋气团深入陆地而逐渐增温，天气呈炎热多雨的特点；冬季因盛行西风使海洋气团深入大陆而逐渐冷却降湿，天气呈寒冷少雨的特点。

● 温带干旱与半干旱气候：也称温带荒漠与温带草原气候，分布在 35°～50°N 的亚洲和北美大陆的内陆，以及南美洲南端的部分地区。根据干旱程度可被进一步分为温带干旱气候与温带半干旱气候两种亚型。北半球的温带干旱气候属于热夏型，分布于亚洲与北美部分地区，这些地区距海遥远、深入内陆，且因山地、高原等因素的阻挡，湿润的海洋气流难以抵达，终年受温带大陆气团控制，呈冬冷夏热、干燥少雨的特点；南半球的温带干旱气候属于凉夏型，分布于南美洲南端，气候带位于西风带的背风面，受安第斯山脉的阻挡而产生焚风效应，且沿岸有寒流经过，全年少雨、夏季清凉。温带半干旱气候分布于温带干旱气候区的外缘，包括分布于温带干旱气候区与温带季风气候区之间过渡地区的夏雨型气候和分布于温带干旱气候区与地中海气候区之间过渡地区的冬雨型气候，前者夏季受海洋气团影响降雨集中，后者冬季受气旋活动影响降雨较多。

（3）高纬度气候

高纬度气候包括寒带气候（55°～65°N）与极地气候（南北极圈以内的高纬度地区）。高纬度气候带盛行极地气团和冰洋气团，主要受极锋、副极地低压带、极地东风带、极地高压带等大气环流系统的影响。

① 寒带气候：即副极地大陆性气候，也称亚寒带针叶林气候，位于

50°～65°N，这里是极地大陆气团的源地，终年受极地大陆气团和极地海洋气团的控制，夏季天气湿冷，冬季漫长且严寒。

② 极地气候：包括极地长寒气候和极地冰原气候。

● 极地长寒气候：也称苔原气候，大致分布于北半球 70°～75°N 与南半球的马尔维纳斯群岛（福克兰群岛）、南设得兰群岛和南奥克尼群岛，气候特征为全年寒冷，只有 1～4 个月的月平均气温在 0～10 ℃。

● 极地冰原气候：分布于南极大陆、北冰洋、格陵兰岛的大部分地区，这些地区长年受极地高压控制，为冰洋气团和南极气团的源地，全年严寒，各月平均气温均低于 0 ℃。

（4）高地气候

高地气候分布于 55°S～70°N 的大陆高山高原地区，其中南半球主要分布于安第斯山地，北半球主要分布在中纬度地区。高地气候具有明显的垂直地带性，随着地形高度的增加，空气逐渐稀薄，大气中的二氧化碳、水汽减少，对地面长波辐射的吸收减少，气压降低，风力增大，日照增强，气温降低；迎风坡降水量随高度增加而增多，越过最大降水带后，降水又随高度升高而减少。

2. 中观尺度的热环境

在中观尺度上，海陆差异、城郊差异及地形的变化，对地方风环境具有显著的影响，并形成海陆风、山谷风、城市与郊区热岛循环及焚风等现象，其形成机理已经在"中微观尺度的风环境"小节中进行了介绍。这种中观尺度的大气运动不仅形成了城市风环境的边界条件，也促进了城市与其外部的热量交换，对城市中空气的温湿度有着直接的影响。

城市与郊区的下垫面性质不同，导致二者形成的热环境也存在明显的差异。相比城市的人工下垫面，郊区下垫面以土壤为主，植被覆盖率也更高，这使得郊区的空气温度更低，相对湿度更高。因此，中观尺度的空气对流可促进城市与郊区的热量交换，缓解城市热岛效应，而由城市与郊区温差形成的热岛循环进一步强化了这种中观尺度上的热量交换。在沿海地区及山谷地区，由海陆差异及地形差异形成的海陆风、山谷风等中尺度循环将海风与山风引入城市，从而更有效地影响城市热环境。

除了空气对流导致的中观尺度上的热量交换，高大山脉形成的焚风现象对城市热环境也具有直接的影响。在山脉的迎风坡，空气受到阻挡而被迫爬升并逐渐冷却，在到达水汽凝结高度后可形成降水，导致空气越过山顶时含湿量已经大大减少；在山脉的背风坡，相对干燥的空气沿山坡下沉并逐渐升温，使背风坡温度高于迎风坡上同高度的空气温度，形成沿背风坡向下流动的干热气流。这种现象使得山脉背风侧城市的热环境呈现更加干热的特点。

3. 城市冠层中的能量平衡

城市微观尺度的热量交换可以使用城市冠层中的能量平衡描述（详见式2-24）。城市冠层的能量来源包括城市冠层接收的净辐射 Q^* 与人为产热 Q_F，这些能量中一部分可通过显热通量 Q_H、潜热通量 Q_E 与水平对流换热量 ΔQ_A 的形式散失，另一部分则转化为建筑、土壤、人工路面等的城市蓄热量 ΔQ_S。城市冠层的几何形态、材料、植被、水体、人为活动等因素对这些物理量均有直接的影响，进而使城市中形成不同的微气候。

（1）辐射

太阳辐射是地表获得能量的最主要因素。城市冠层中的辐射平衡可以由式（3-17）表示：

$$Q^* = (K_{dir} + K_{dif})(1 - \alpha) + L\downarrow - L\uparrow \tag{3-17}$$

式中：Q^* 是净辐射；K_{dir} 是直接短波辐射；K_{dif} 是散射短波辐射；α 是城市表面的反射系数；$L\downarrow$ 是城市表面从天空接收的长波辐射；$L\uparrow$ 是从城市表面发出的长波辐射。其中，直接短波辐射是直接来自太阳的入射光线，散热短波辐射是天空中的云层或悬浮物反射的太阳辐射。

城市冠层中短波辐射的吸收量等于城市冠层接收的短波辐射量与城市冠层反射的短波辐射量之差，该过程主要受到城市表面材料与城市三维形态的影响。城市表面材料对短波辐射吸收量的影响主要体现在材料的反照率上，材料反照率越高，城市表面吸收的短波辐射量越少。城市的常见材料中，沥青的反照率为 0.05 ~ 0.20，水泥的反照率为 0.10 ~ 0.35，而白色涂料的反照率为 0.70 ~ 0.90，反照率越高，相同条件下吸收的太阳辐射量越少。城市三维形态对短波辐射吸收量的影响体现为建筑物对辐射的遮蔽、建筑表面的辐射吸收、太阳辐射在建筑间的多次反射。城市中的建筑物会遮蔽部分入射阳光，影响对直接短波辐射的接收量，并降低城市向天空的开阔程度，减少对散射短波辐射的接收。尽管如此，城市中建筑物的存在也使城市冠层中接收太阳辐射的表面积增多，并造成短波辐射在建筑表面间的多次反射，从而增加了对短波辐射的吸收。因此，城市三维形态对短波辐射吸收量的影响是十分复杂的。

长波辐射的方向是朝向四面八方的。天空长波辐射主要是由受热大气发出的长波辐射，大气发射或吸收长波辐射的主要成分是水蒸气和二氧化碳。同时，城市表面也会向天空发射长波辐射，并在该过程中释放热量。因此，高密度的城市建筑群降低了城市向天空的开阔程度，虽然减少了对来自天空的辐射的吸收，但也阻碍了城市表面以长波辐射的方式进行散热。

（2）人为产热

城市中的人为产热是城市冠层获得能量的另一个重要因素。人为产生的热通量主要包括三个部分：车辆产生的热通量、建筑产生的热通量与工业产生的热通量。车辆的产热量与交通量有关，出行高峰时段交通量大，车辆的产热量也大。建筑的产热是由电力消耗和供热燃料消耗造成的，电力消耗用于运行照明设施、空调与建筑设备，供热燃料消耗用于寒冷地区的室内供暖。工业的产热主要集中于工厂及工业区。

（3）显热通量

显热通量是指城市冠层与其上方大气间的热交换量。当城市表面层吸收太阳辐射而升温时，表面层之上的较冷空气会从城市表面层中吸收一些热量，并与其上方的空气混合起来，导致这种空气混合的因素是大气湍流。湍流的强度取决于气流的特征、气流本身的性质及气流面临的物理障碍，风速在近地面处最低，并随着高度的增加而增高。不同速度的气流之间的剪应力形成涡旋，这些涡旋通过机械混合过程使热空气上升，冷空气下降，从而实现城市冠层与其上方大气的显热交换。

（4）潜热通量

城市冠层中的潜热通量主要来自土壤与水体中水分的蒸发，以及植物的蒸腾作用。土壤与水体中水分的蒸发过程会吸收空气中的热量，使空气温度降低。而城市中大量使用不透水的硬质铺装，使得自然地表的比例减少，进而使由蒸发引起的潜热通量降低。植物的蒸腾作用是水分从植物的叶片表面以水蒸气的状态散失到大气中的过程，因此在城市中进行绿化对空气的温湿度调节具有明显的作用。

（5）城市蓄热量

城市中的土壤、水体、人工下垫面与建筑墙体等物体均具有蓄热能力，可以将来自太阳与大气层的辐射储存起来。城市冠层中净蓄热量约占白天净辐射的 50%，城市表面吸收、储存和释放辐射的能力对城市微气候具有重要的影响。城市表面吸收与释放能量的速率与材料本身的导热性能和比热容有关。比热容大的材料一般具有较强的热惯性。城市中沥青的比热容约为 1940 kJ/(m^3·K)，混凝土的比热容约为 2110 kJ/(m^3·K)，而水体的比热容约为 4180 kJ/(m^3·K)。因此，在日间，水体附近的温度通常低于建成区温度；而在夜间，由于水体蓄热量的释放，水体附近的空气温度通常较高。

（6）对流换热量

由于城市中的下垫面与建筑肌理都是多样性的，城市中温度的分布也具有高度异质性的特点。因此，温度不同的城市区域间会在水平对流的作用下产生热量交换，典型的案例是城市绿地与周边建成区的热交换。在具有一定规模的城市绿地中，空气温度一般低于周边建成区的空气温度，形成城市冷岛。许多研究通过实测发现，城市绿地可以对其外部建成区发挥降温的作用，在有风的条件下绿地的降温效应可以延伸至其外部约 1 km 的范围。

3.2.2 局地气候区

1. 影响热环境的城市参数

城市冠层的空间形态与城市表面材料的热工性质对城市冠层内的能量平衡具有显著的影响，进而对城市热环境产生影响。为了了解城市形态影响热环境的物理机制，许多学者尝试使用量化的城市参数描述城市在空间形态与下垫面材料方面的特征，进而建立城市几何形态与热环境的定量关系。影响热环境的城市参数主要包括：街道高宽比、街道方向、天空可视度、建筑密度、平均建筑高度、建筑表面密度、建筑迎风面指数、硬质铺装覆盖率、绿地覆盖率、树冠覆盖率，其中天空可视度等城市几何形态参数的定义如图 3-14 所示。各指标的定义及对热环境的影响如下。

- **街道高宽比**：街道两侧建筑高度与街道宽度的比值。该参数主要影响街道中的辐射过程。提高街道高宽比可以增加遮阳，减少对太阳辐射的吸收，可以在日间

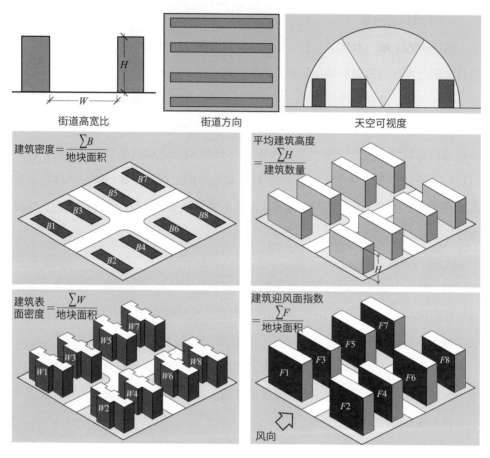

图 3-14　城市几何形态参数的定义

降低空气温度，且建筑提供的遮阳也可以显著提升人体的热舒适度。然而，街道高宽比的提高也会阻碍由街道发出的长波辐射，降低街道的辐射降温效率，使街道的夜间温度升高。

● **街道方向**：街道轴线的方向。该参数对街道接收太阳直射时间有直接的影响。在高宽比相同的情况下，东西向街道与南北向街道相比会获得更长时间的太阳直射，温度通常更高，南北向街道的高宽比对温度的影响也更加明显。但是值得注意的是，在正午时段，南北向街道受到太阳直射，而东西向街道有南侧建筑物遮阳，其热舒适度相对更好。同时，斜向的街道在全天中均有部分空间因建筑遮阳而无须接收阳光直射，这为行人提供了舒适的选择。

- **天空可视度**：城市中某一位置的可见天空范围占整个天空半球的比例。街道的高宽比越大，周围建筑物越高耸，可见天空的范围就越小，天空可视度越小。天空可视度控制了城市冠层中太阳辐射的入射量，以及长波辐射的热量散失。天空可视度通常与日间温度呈正相关，与夜间温度呈负相关。提高天空可视度，一方面可使城市在日间接收的太阳辐射增多，温度升高，但另一方面可使城市在夜间发出的长波辐射的散热效率提高，温度降低。

- **建筑密度**：地块中建筑基底面积的总和与地块面积的比值。建筑密度可以影响城市冠层中能量平衡的多个环节。提高建筑密度会使建筑群的形态更加紧凑，造成太阳辐射在建筑间的多次反射，增大建筑表面的辐射吸收，对长波辐射的阻碍增强，降低了城市冠层的辐射降温效率。同时，建筑密度提高也使建筑外墙面积扩大，使城市接收太阳辐射的表面增多，蓄热量也更多。因此，许多研究发现建筑密度与城市夜间温度呈正相关。然而，建筑密度的增高也会在日间提供更多遮阳。因此，建筑密度与日间温度的关系更为复杂，具体影响还取决于城市的其他特征。

- **平均建筑高度**：地块中建筑物高度的平均值，代表建筑群的整体高度水平。建筑高度影响城市冠层中太阳辐射的吸收与长波辐射的散射，提高建筑高度可以增加遮阳，减少太阳直射，但会阻碍长波辐射的散热效率。因此，提高建筑群的平均高度可使夜间温度升高，但使正午时段的温度下降。

- **建筑表面密度**：地块中所有建筑外表面面积的总和与地块面积的比值。该参数主要影响城市表面的辐射吸收量与蓄热量。在建筑密度与高度确定的情况下，建筑形态越复杂，建筑外表面积越大，建筑群吸收的太阳辐射越多，建筑墙体的蓄热量也越多。

- **建筑迎风面指数**：地块中所有建筑在迎风方向上立面的总面积与地块面积的比值。该参数主要影响建筑群的通风阻力。建筑迎风面指数越大，表示建筑群的通风阻力越大，建筑群中的风速越低，通风散热效率也越低。

- **硬质铺装覆盖率**：地块中沥青、混凝土等硬质不透水路面的总面积与地块面积的比值。相比草地等自然下垫面，硬质铺地的反照率更低，吸收的太阳辐射更多，因此硬质铺装覆盖率与空气温度呈正相关。

- **绿地覆盖率**：地块中草地面积与地块面积的比值。草地的反照率比硬质铺装高，相同条件下的太阳辐射得热更少。草地下方的土壤具有蓄水作用，雨后或人工灌溉后可通过蒸发的方式降温。同时，草地中的植物本身的蒸腾作用也可以降低空气温度。

- **树冠覆盖率**：地块中所有树冠的平面投影面积与地块面积的比值。树木对城市热环境有很强的调节作用，树冠的遮阳作用是树木降温的最主要因素。同时，树木的蒸腾作用可以促进叶片表面的水分蒸发，降低空气温度，并提高空气的相对湿度。

2. 局地气候区

由于城市热环境与城市的空间形态及下垫面性质有着密切的联系，具有相似特征的城市区域会表现出相似的热环境。Stewart 与 Oke [33] 提出了局地气候区（LCZ）的概念来描述这种局地城市特征对热环境的影响。局地气候区的定义是在数百至数千米的水平尺度上，具有较为统一的下垫面、建筑肌理、材料与人为活动的城市区域。局地气候区的类型可由 7 个城市参数确定；参数分别是天空可视度、街道高宽比、建筑密度、硬质铺装覆盖率、可透水铺装率、粗糙元（建筑或植物）高度、地表粗糙度。Stewart 与 Oke [34] 提出的局地气候区共有 17 种类型，其中 10 种为建成区类型，7 种为自然景观类型。各类局地气候区的形态及下垫面特征如图 3-15 所示；各类局地气候区的城市参数被列于表 3-4 中。各类局地气候区的具体定义如下。

- **LCZ 1**：紧凑高层。由密集的高层建筑组成，建筑密度在 0.4～0.6，建筑高度在 10 层以上；区域中的植被稀少，下垫面以混凝土、沥青、砖石等硬质铺装为主。

- **LCZ 2**：紧凑中层。由密集的中层建筑组成，建筑密度在 0.4～0.7，建筑高度为 3～9 层；区域中的植被稀少，下垫面以混凝土、沥青、砖石等硬质铺装为主。

- **LCZ 3**：紧凑低层。由密集的低层建筑组成，建筑密度在 0.4～0.7，建筑高度为 1～3 层；区域中的植被稀少，下垫面以混凝土、沥青、砖石等硬质铺装为主。

- **LCZ 4**：开放高层。由开放布置的高层建筑组成，建筑密度在 0.2～0.4，建筑高度在 10 层以上；区域中除硬质下垫面外，有较大比例的自然绿地。

- **LCZ 5**：开放中层。由开放布置的中层建筑组成，建筑密度在 0.2～0.4，建筑高度为 3～9 层；区域中除硬质下垫面外，有较大比例的自然绿地。

- **LCZ 6**：开放低层。由开放布置的低层建筑组成，建筑密度在 0.2～0.4，建筑高度为 1 ～ 3 层；区域中除硬质下垫面外，有较大比例的自然绿地。

● **LCZ 7**：轻质低层。由密集布置的单层建筑组成，建筑密度在 0.6 ～ 0.9，建筑物为木材、茅草等轻质结构；区域内植物稀少，下垫面以硬质铺装为主。

● **LCZ 8**：大体量低层。由开放布置的大体量低层建筑组成，建筑密度在 0.3 ～ 0.5，建筑高度为 1 ～ 3 层；区域内植物稀少，下垫面以混凝土、沥青、砖石等硬质铺装为主。

● **LCZ 9**：分散建成区。由分散布置的小体量建筑组成，建筑密度在 0.1 ～ 0.2；区域内的下垫面以自然绿地为主。

● **LCZ 10**：重工业区。由低层及中层的工业建筑组成，有大量的人为排热；区域内植物稀少，下垫面以硬质铺装为主。

● **LCZ A**：密集林地。由茂密的落叶及常绿树林景观组成，下垫面以自然绿地为主，区域功能为天然林地或城市公园。

● **LCZ B**：分散林地。由较为分散的落叶及常绿树林景观组成，下垫面以自然绿地为主，区域功能为天然林地或城市公园。

● **LCZ C**：灌木。由开放布置的灌木及矮树组成，下垫面以裸土为主，区域功能为自然灌木丛地或农田。

● **LCZ D**：低矮植被。由草本植物或低矮的农作物组成，区域功能为自然绿地、农田或城市公园。

● **LCZ E**：裸露的岩石或硬质地表。由岩石或人工硬质铺装组成，区域内植物稀少，主要功能是自然石漠化地表或城市交通干道。

● **LCZ F**：裸露土壤或沙地。由土壤或沙地组成，区域内植物稀少，主要功能是自然沙漠或农业用地。

● **LCZ G**：水体。海面、江面、湖面等开放水体。

许多研究证实，相同类型的 LCZ 在热环境方面确实具有相似的表现，而地表结构差异明显的 LCZ 间的热环境也表现出明显的差异，各类 LCZ 的温度差异在晴朗静风的夜间最为明显。总体上，紧凑型 LCZ 的温度最高，其次是开放型与分散型的 LCZ，林地与低矮植被类型的温度最低。开放型 LCZ 的夜间温度比紧凑型 LCZ 低 1 ～ 3 ℃，而比低矮植被 LCZ D 的温度高 1 ～ 3 ℃。

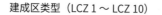

建成区类型（LCZ 1 ～ LCZ 10）　　　　　自然景观类型（LCZ A ～ LCZ G）

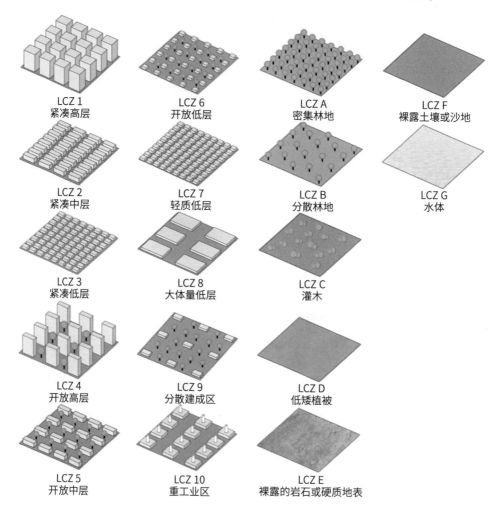

LCZ 1
紧凑高层

LCZ 6
开放低层

LCZ A
密集林地

LCZ F
裸露土壤或沙地

LCZ 2
紧凑中层

LCZ 7
轻质低层

LCZ B
分散林地

LCZ G
水体

LCZ 3
紧凑低层

LCZ 8
大体量低层

LCZ C
灌木

LCZ 4
开放高层

LCZ 9
分散建成区

LCZ D
低矮植被

LCZ 5
开放中层

LCZ 10
重工业区

LCZ E
裸露的岩石或硬质地表

图 3-15　各类局地气候区的形态及下垫面特征

表 3-4 各类局地气候区的城市参数

LCZ	描述	高宽比	天空可视度	建筑密度	硬质铺装覆盖率	粗糙元高度	表面粗糙度
LCZ 1	紧凑高层	> 2	0.2 ~ 0.4	0.4 ~ 0.6	0.4 ~ 0.6	> 25 m	≥ 2
LCZ 2	紧凑中层	0.75 ~ 1.5	0.3 ~ 0.6	0.4 ~ 0.7	0.3 ~ 0.5	8 ~ 20 m	0.5 ~ 1.0
LCZ 3	紧凑低层	0.75 ~ 1.5	0.2 ~ 0.6	0.4 ~ 0.7	0.2 ~ 0.4	3 ~ 8 m	0.2
LCZ 4	开放高层	0.75 ~ 1.25	0.5 ~ 0.7	0.2 ~ 0.4	0.3 ~ 0.4	> 25 m	≥ 1
LCZ 5	开放中层	0.3 ~ 0.75	0.5 ~ 0.8	0.2 ~ 0.4	0.3 ~ 0.5	8 ~ 20 m	0.25 ~ 0.5
LCZ 6	开放低层	0.3 ~ 0.75	0.6 ~ 0.9	0.2 ~ 0.4	0.2 ~ 0.4	3 ~ 8 m	0.25 ~ 0.5
LCZ 7	轻质低层	1 ~ 2	0.2 ~ 0.5	0.6 ~ 0.9	< 0.1	2 ~ 4 m	0.1
LCZ 8	大体量低层	0.1 ~ 0.3	> 0.7	0.3 ~ 0.5	0.4 ~ 0.5	3 ~ 10 m	0.25
LCZ 9	分散建成区	0.1 ~ 0.25	> 0.8	0.1 ~ 0.2	< 0.2	3 ~ 8 m	0.25 ~ 0.5
LCZ 10	重工业区	0.2 ~ 0.5	0.6 ~ 0.9	0.2 ~ 0.3	0.2 ~ 0.4	5 ~ 15 m	0.25 ~ 0.5
LCZ A	密集林地	> 1	< 0.4	< 0.1	< 0.1	3 ~ 30 m	≥ 2
LCZ B	分散林地	0.25 ~ 0.75	0.5 ~ 0.8	< 0.1	< 0.1	3 ~ 15 m	0.25 ~ 0.5
LCZ C	灌木	0.25 ~ 1.0	> 0.9	< 0.1	< 0.1	< 2 m	0.10 ~ 0.25
LCZ D	低矮植被	< 0.1	> 0.9	< 0.1	< 0.1	< 1 m	0.03 ~ 0.10
LCZ E	裸露的岩石或硬质地表	< 0.1	> 0.9	< 0.1	< 0.1	< 0.25 m	0.0002 ~ 0.0005
LCZ F	裸露土壤或沙地	< 0.1	> 0.9	< 0.1	< 0.1	< 0.25 m	0.0002 ~ 0.0005
LCZ G	水体	< 0.1	> 0.9	< 0.1	< 0.1	—	0.0002

3.2.3 城市热环境评价

城市热环境评价可分为城市热岛效应评价与室外热舒适评价两个方面。城市热岛效应评价主要选择与温度相关的指标,如空气温度、地表温度与热岛强度等,这些指标可以直观地反映城市建筑肌理与城市表面材料对热环境的影响。然而,行人在室外的热感知不仅受到温度的影响,还与相对湿度、风速、辐射、活动强度、着装等多种因素有关。因此,室外热舒适评价需要综合考虑这些因素的影响,从而提出相关的评价指标。

1. 城市热岛效应评价

城市热岛效应是指城市温度高于郊区温度的现象，这里的郊区指城市外围以自然下垫面为主的区域，其热环境受城市建成区的影响很小。空气温度与地表温度是评价城市热岛效应的基础指标，比较不同建成区及城市郊区的温度指标可以反映城市对热环境的影响。空气温度可通过户外观测或数值模拟的方式获取，比较适合微观到局地尺度的热环境评价；地表温度可通过遥感的方式获取，可以反映大尺度的城市热岛分布情况。

与温度指标相比，城市热岛强度可以更直观地反映城市对热环境的影响，其定义为城市温度与郊区温度的差值。与热岛效应类似，城市中的绿地与高层建筑区可能出现温度低于郊区温度的情况，这种现象被称为城市冷岛效应，此时城市温度与郊区温度之差的绝对值可被定义为城市冷岛强度。热岛强度与冷岛强度计算的一个主要问题是难以定义"郊区"温度，因为城市郊区中也存在裸土、自然绿地等多种下垫面，这些下垫面性质的不同也会对温度的观测产生很大的影响。为了提高城市热环境观测的规范性，使不同研究的结论可以相互比较，Stewart 与 Oke[34] 提出使用局地气候区方案确定热岛强度计算的基准。由于同类局地气候区的热环境具有一定的相似性，在城市热环境研究中声明观测地点的局地气候区类型可以提高研究的规范性。在目前的研究中，一般使用低矮植被（LCZ D）这一局地气候区的温度作为"郊区"温度来计算城市热岛强度与冷岛强度。

需要注意的是，城市热环境是动态变化的，单一时刻的温度及热岛强度无法完整地反映一段时间内城市热环境的整体情况。因此，城市热环境的研究中一般使用一段时间内温度及热岛强度的平均值、最大值与最小值来评价动态环境下的热岛效应，统计时段一般为全天、日间及夜间。此外，也有学者提出使用热岛（冷岛）的持续时间与逐时温度变化速率来评价城市热环境。热岛（冷岛）持续时间的定义是一天中城市产生热岛效应或冷岛效应的总时间[35]；逐时温度变化速率的定义是相邻时刻城市温度的变化量[36]。

2. 室外热舒适评价

人体在城市环境中的热感知与空气温度、相对湿度、风速、辐射等物理量有关，其中空气温度、太阳辐射以及城市表面的热辐射影响人体接收的热量，相对湿度与风速影响汗液蒸发的散热速率。在空气温度相同的情况下，建筑或树木的遮阳可以显著提高人体的热舒适感，提高风速或降低空气相对湿度可以促进汗液蒸发，也可以提高热舒适度。同时，人体的活动强度与穿着也是影响热舒适的客观因素，活动强度影响人体的产热量，服装热阻影响人体的散热情况。此外，一些主观因素也会影响人的热感知。例如，与长时间在室内的人相比，刚从寒冷的室外进入室内的人会感到室内更为温暖；与生活在寒冷地区的人相比，生活在热带地区的人对炎热环境的接受度更高，而对寒冷环境的接受度更低。可见，室外热舒适评价是很复杂的，评价模型的建立需要综合考虑环境、生理与心理因素的影响。室外热舒适评价的理论模型可分为等效温度模型与热负荷模型。

（1）等效温度模型

等效温度模型是将复杂室外环境换算为使人体产生相同生理响应（如皮肤与核心温度、出汗率等）时典型室内条件下的空气温度。基于等效温度模型的热舒适模型的常用指标有生理等效温度（PET）、标准有效温度（SET*）、室外有效温度（OUT_SET*）与通用热气候指数（UTCI）。

PET 的定义是在典型的室内环境下，达到与室外环境中相同核心温度和皮肤温度的人体热平衡时的空气温度[37]。这里典型室内环境是指风速为 0.1 m/s，蒸汽压为 12 hPa，平均辐射温度与空气温度相等的环境。PET 使用了慕尼黑个体能量平衡模型（MEMI），该模型将人体分为皮肤与核心两个节点，通过计算人体热平衡、从人体核心向皮肤的传热、从皮肤表面向服装表面的传热，求解服装表面温度、皮肤表面温度及人体核心温度，继而预测人体的热感知。

SET* 与 OUT_SET* 使用了 Gagge 等[38] 提出的两节点热平衡模型。SET* 的定义是在等温环境下人体产生与真实室外环境中相同热负荷与热调节响应时的等效温度，这里等温环境的相对湿度为 50%，风速低于 1.5 m/s，平均辐射温度与空气温度相等。OUT_SET* 进一步考虑了平均辐射的影响，使之更适用于室外热舒适的评价[39]。

UTCI 的定义是在参考环境下使人体产生与真实室外环境中相同热负荷的空气温度，该参考环境的平均辐射温度与空气温度相等，10 m 高度的风速为 0.5 m/s，相对湿度为 50%[40]。UTCI 与使用了两节点热平衡模型的 PET、SET* 和 OUT_SET* 最主要的不同是，UTCI 使用了 Fiala 等提出的多节点热平衡模型，该模型将人体分为 12

个圆柱形部分，共 187 个节点，从而量化人体内的热量传递、环境内的热量传递与中枢神经系统的热调节反应。同时，UTCI 还整合了服装热阻模型，可根据空气温度与风速匹配相应的服装热阻。

（2）热负荷模型

热负荷模型也是基于人体能量平衡，不同水平的热负荷与各种类型的热感觉相关。基于热负荷模型的热舒适评价指标有预测平均热感觉（PMV）指标、热应力指数（ITS）与 COMFA 模型。PMV 使用了 Fanger 的热平衡模型，其定义是同一环境中大多数人的冷热感觉的平均值，取值为 –3（寒冷）至 +3（炎热），最初用于室内热舒适的评价[41]。ITS 表示根据风速、相对湿度和服装特点，个人保持体温平衡所必要的出汗率和身体冷却效率的比值[42]。该指数与 7 级热感觉量表相关联，其中 0 W 代表热中性，并在连续增加至 320 W 的过程中向温暖、热和非常热的感觉的转变。COMFA 模型是一种基于排汗率、能量收支、核心温度和皮肤温度四个要素来描述人体能量平衡的数学模型，其能量收支是根据 5 级热感觉量表表示的，范围从 –150 W/m² 到 +150 W/m²[43]。COMFA+ 是在 COMFA 模型的基础上针对城市热环境舒适度评价提出的模型，该模型考虑了城市形态对人体能量收支的影响，并在短波与长波计算中引入了建筑可视因子和地面可视因子[44]。

3.2.4 城市热环境的优化

热环境优化的城市设计策略可分为城市形态与城市绿化两个方面。在中观尺度上，城市形态设计重点关注城市总体通风阻力的控制，引入外部空气来降低城市内部温度，因此城市通风廊道也是改善城市热环境的重要手段；城市绿化的主要措施是设置城市绿地，通过优化绿地形态强化其冷岛效应。在微观尺度上，城市形态设计重点关注街区形态与街道形态的控制；绿化设计主要利用行道树的降温与遮阳作用改善热环境，提高局部热舒适度。

1. 城市形态设计策略

（1）城市通风廊道设计

城市通风廊道的设计策略已经在 3.1.3 节进行了介绍。城市外部区域以自然下垫面为主，其空气温度整体低于城市内部。因此，城市通风廊道在促进空气流动的过程中，也引入了温度相对较低的郊区空气，可以缓解城市内部的热岛效应。Liu 等[45]通过实地观测对比了城市通风廊道内外的风速与空气温度，发现城市主要通风廊道可使多年平均风速提高 57%，使日间与夜间的季节平均热岛强度分别降低 0.89 ℃ 与 0.75 ℃。Fang 与 Zhao[46] 的研究发现城市通风廊道可以降低污染物浓度，并降低地表热岛强度。Zheng 等[47] 使用 WRF 模型模拟了通风廊道对城市整体风热环境的影响，发现通风廊道对其外部区域的风热环境也具有改善的作用，增加通风廊道后城市区域的平均温度降低了 0.18 ℃，风速提高了 0.33 m/s。

（2）街区与街道形态设计

在街区层面，优化城市热环境的主要措施是控制建筑群的形态。3.2.2 节已经解释了街区几何形态对城市冠层能量平衡的影响，建筑密度、平均建筑高度与天空可视度是影响街区热环境的主要因素，且三者具有一定的关联性。部分经验性的研究表明，建筑密度每提高 10%，日间最高空气温度提高约 0.91 ℃，夜间最大热岛强度提高约 0.77 ℃[48]；平均建筑高度每提高 10 m，夜间最大热岛强度提高约 1.9 ℃[49]；天空可视度降低 0.2，可使日间热岛强度下降约 0.3 ℃，但使夜间热岛强度升高约 0.1 ℃[50]。虽然这些研究结论在地区与案例选择上具有一定的局限性，但基本可以证明，控制街区密度、保证街区形态的开放性是优化街区热环境的重要措施。

根据 Stewart 与 Oke[33] 的城市形态研究，街区建筑密度可分为 0.1 ～ 0.4（低密度）与 0.4 ～ 0.7（高密度）两个区间，建筑高度可分为 3 ～ 10 m（低层）、10 ～ 24 m（中层）和大于 24 m（高层）。低密度街区的天空可视度总体上大于 0.5，而高密度街区的天空可视度总体上小于 0.6。因此，在城市街区的设计中应尽量保证低密度开发，将街区的建筑密度控制在 0.4 以下。Giridharan 等[51] 通过香港 17 个居住区的热环境研究发现，当天空可视度大于 0.5 时，区域产生热岛效应的概率较小；天空可视度低于 0.35 时，区域易产生明显的热岛效应。因此，高密度街区应控制建筑高度，使街区的天空可视度在 0.5 以上。

在街区的建筑密度及平均高度确定的情况下，也可以通过调整建筑群的布局与建筑形态改善热环境。常见的街区平面布局有分散式、行列式、错落式与围合式，通过调整建筑群的平面布局可以降低建筑群的迎风面密度，促进通风散热。相比围合式布局，分散式与错落式的建筑群迎风面密度更小，通风效果更好。行列式布局应注意使建筑群的方向顺应主导风向，减小迎风阻力。当使用围合式布局时，可以通过建筑底层架空的方式促进人行高度的通风。此外，建筑群的外墙面积与空气温度存在正相关的关系。在建筑单体层面可以尽量使用简洁的建筑形态以控制建筑外墙面积，减少受太阳直射的城市表面。建筑形态越复杂，建筑受到太阳辐射的面积越大，建筑群接收的太阳辐射量也就越多。

在街道层面，热环境优化面对的主要问题是保证行人的热舒适度，主要的途径是提供日间的遮阳，通过减少太阳直射提升人体热舒适度。影响热环境的主要因素为街道高宽比与街道方向。总体上，提高街道高宽比可以减少太阳辐射，使日间温度降低，但会阻碍城市表面的长波辐射，使夜间温度升高。在干热地区，提高街道高宽比在日间的降温效应比其在夜间的升温效应更加明显。同时，狭窄的街道中太阳直射较少，可以提供更多的热舒适空间，许多干热地区的传统民居也多采用紧凑布局的形式减少太阳直射。

街道方向影响街道接收太阳直射的时段与总时长。当街道足够狭窄时，南北向街道仅在中午时段受太阳直射，而东西向街道在上午和下午时段均受太阳直射。因此，相比南北向的街道，相同高宽比的东西向街道全天受太阳直射的时间更长，平均温度也相对更高。但在正午时段，有研究发现南北向街道中的 PET 因太阳直射会略高于东西向街道，东西向街道的南侧受建筑遮阳的影响热舒适度较好。相比之下，其他方向的街道在全天均有部分空间在建筑阴影中，可以为行人提供选择。Andreou [52] 系统地比较了希腊地区各类街道的热舒适度，发现当高宽比小于 0.6 时，各方向街道的热舒适度均较低；当高宽比为 0.8 ~ 1.3 时，南北向街道的热舒适度最高；当高宽比大于 2.0 时，南北向街道的热舒适度与斜向街道相似；对于东西向街道，当高宽比大于 3.0 时才可以获得较为满意的热舒适度；而对于南北向街道，当高宽比大于 0.6 时可以在全天的多数时间获得较为舒适的热环境。

除了调整街道形态，通过建筑底层架空提供遮阳也是提高行人热舒适度的有效措施，炎热地区常采用"骑楼"的建筑形式，为行人提供有遮阳的步行空间（图 3-16）。骑楼空间的高宽比越小，其进深越大，提供的遮阳效果越好。一项在广州的研究发现，骑楼空间的高宽比与行人热舒适呈负相关，当骑楼空间的高宽比小于 1 时，步行空间可完全被建筑遮挡，热舒适度基本不再受设计变量的影响 [53]。

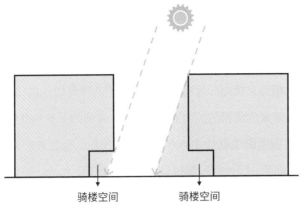

骑楼空间　　　　骑楼空间

图 3-16　骑楼空间的遮阳作用

2. 城市绿化设计策略

（1）城市绿地设计

由于植被的降温效应，城市绿地的空气温度会明显低于建成区，可以形成稳定的城市冷岛，图 3-17 描述了城市绿地附近的温度变化。在对流的影响下，绿地内的空气还可以向周围扩散，降低其外部区域的温度。绿地的降温范围一般在 100 ～ 500 m，也有研究发现在有风的条件下绿地降温效应可延伸至其外部约 1 km 的范围[54]。影响绿地降温效应的主要因素包括绿地的植被组成、绿地面积与绿地形态。

绿地的植被组成包括绿地内部的植被类型以及各类植被所占的面积比例。乔木植物的树冠对太阳辐射有明显的消解作用，相同面积下乔木绿地的冷岛效应要显著

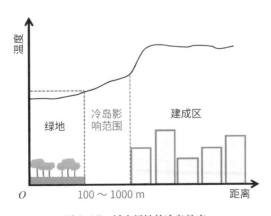

图 3-17　城市绿地的冷岛效应

高于灌木绿地或草地，因此提高乔木植物的比例可以有效强化绿地的冷岛效应。同时，绿地中植物叶片的茂密程度也会影响其冷岛效应。植被的茂密程度可以用叶面积指数表示，其定义为植物群体的总叶片面积与植物所占土地的面积的比值。叶面积指数与绿地温度呈负相关，植物叶片密度越大，绿地的冷岛效应越强。

绿地冷岛效应随绿地面积的扩大而增强，但二者间的关系是非线性的（图3-18）。绿地面积与其冷岛强度的关联性中存在3种阈值面积，包括最小阈值面积、最大阈值面积、有效阈值面积。绿地面积超过最小阈值面积后，绿地才开始具有降温作用，小于该面积时绿地降温作用不明显；绿地面积超过最大阈值面积后，绿地的降温作用不再随面积的增大而增强；绿地面积小于有效阈值面积时，随着绿地面积扩大其降温作用显著增强，绿地面积超过有效阈值面积后，降温作用随面积扩大而增强，但增强的速率明显减慢。根据相关研究，小于0.8 ha的绿地很难产生冷岛效应，绿地面积超过0.8 ha甚至有些情况下超过1.05 ha时开始具有降温作用；5～14 ha的绿地一般可以产生稳定的降温作用，绿地面积超过40 ha甚至有些情况下超过74 ha时降温作用基本不再增强；绿地面积小于1.08 ha甚至有些情况下小于4.55 ha时扩大绿地面积对强化降温效应的影响最显著[54]。

绿地的形态特征包括绿地的紧凑性、复杂性。紧凑的绿地完整度高，绿地边缘形态呈简单规则的特点；复杂的绿地呈多斑块聚集的特征，且边缘形态复杂。绿地

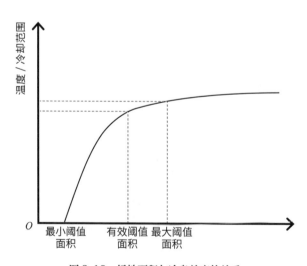

图 3-18　绿地面积与冷岛效应的关系

形态对降温作用的影响取决于绿地面积。大尺度绿地内的热环境稳定性高，提高绿地形态的复杂度可以增强绿地与周边区域的联系，扩大二者间能量交换的界面，从而增强绿地的冷却效应。对于小尺度绿地，紧凑且规则的形态更有利于提高其冷岛效应的稳定性。Jaganmohan 等[55]以德国莱比锡为例研究绿地形态对降温作用的影响，发现当绿地面积小于 5.6 ha 时提高绿地形态的紧凑度可以增强其降温作用，当绿地面积大于 5.6 ha 时提高绿地形态的复杂度可以增强其降温作用。由于绿地的降温范围一般只局限于 1 km 内，若干小尺度绿地带来的总降温效果会优于一个等面积的大尺度绿地。同时，提高各绿地间的连接性可以进一步优化绿地的降温效果。

（2）街区行道树设计

行道树的遮阳作用是改善微观尺度热环境的主要因素，树木对夏季日间平均 PET 的降低可达到 3 ℃，而草地只能使夏季日间平均温度降低约 1 ℃[56]，33% 的行道树覆盖率可以使街区空气温度降低约 1 ℃[57]。行道树的降温效果取决于街道受太阳直射的时长。在低层街区中，建筑阴影较少，街区受太阳直射时间长，采用行道树绿化可以明显降低街区内的空气温度。而在高层街区中，建筑物已经提供了足够的遮阳，增加行道树带来的降温效果不如在低层街区中明显，茂密的树冠还会阻碍气流与城市表面的长波辐射，影响街区的散热。在建筑高度相同的情况下，东西向街道受太阳直射的时间更长，行道树的降温效果也会比在其他方向的街道中更为明显。

因此，需要根据街道形态确定行道树的设计方案。Norton 等[58]根据各类街道的日照时间，将街道的行道树优先级分为高级、中级、低级与非必要四个等级（图 3-19）。行道树优先级为高级的街道是高宽比小于 1.0 的东西向街道和高宽比小于 0.4 的南北向街道；行道树优先级为中级的街道是高宽比为 1.0 ～ 1.8 的东西向街道和高宽比为 0.4 ～ 0.8 的南北向街道；行道树优先级为低级的街道是高宽比为 2.0 ～ 2.8 的东西向街道和高宽比为 0.9 ～ 2.0 的南北向街道；行道树优先级为非必要的街道是高宽比大于 3.2 的东西向街道和高宽比大于 2.4 的南北向街道。

不同树种的树冠形态、叶片密度等特征不同，也会影响行道树的降温效果。Morakinyo 等[59]使用叶面积指数、树木高度、树干高度与树冠直径 4 个指标对香港地区的常见树种进行了分类，根据叶面积指数可将树种分为茂密（> 3.0）、中等

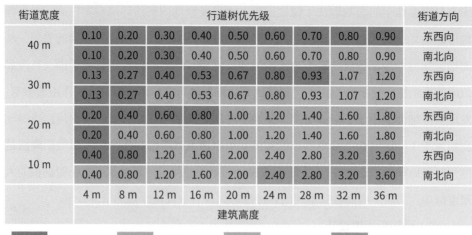

街道宽度	行道树优先级									街道方向
40 m	0.10	0.20	0.30	0.40	0.50	0.60	0.70	0.80	0.90	东西向
	0.10	0.20	0.30	0.40	0.50	0.60	0.70	0.80	0.90	南北向
30 m	0.13	0.27	0.40	0.53	0.67	0.80	0.93	1.07	1.20	东西向
	0.13	0.27	0.40	0.53	0.67	0.80	0.93	1.07	1.20	南北向
20 m	0.20	0.40	0.60	0.80	1.00	1.20	1.40	1.60	1.80	东西向
	0.20	0.40	0.60	0.80	1.00	1.20	1.40	1.60	1.80	南北向
10 m	0.40	0.80	1.20	1.60	2.00	2.40	2.80	3.20	3.60	东西向
	0.40	0.80	1.20	1.60	2.00	2.40	2.80	3.20	3.60	南北向
	4 m	8 m	12 m	16 m	20 m	24 m	28 m	32 m	36 m	
	建筑高度									

高级　　　　中级　　　　低级　　　　非必要

图 3-19　街道行道树优先级与街道形态的关系

（1.5～3.0）、稀疏（0.5～1.5）三类，根据树木高度可将树种分为高（16～24 m）、中（8～16 m）、低（<8 m）三类，根据树干高度可将树种分为高（>3 m）、低（≤3 m）两类，根据树冠直径可将树种分为窄（≤4 m）、中（4～8 m）、宽（>8 m）三类，共可组合成 54 种形态类型的树种。通过模拟各类街道中不同树种的降温效果，得到根据街道天空可视度（SVF）选择行道树种的方案。

（1）SVF ≤ 0.45：行道树绿化的优先级为低级，此时建筑已经提供了足够的阴影。考虑到行道树还同时发挥视觉、生态等方面的调节作用，当 SVF ≤ 0.2 时推荐选择树木高度与树干高度为"高"、叶面积指数为"稀疏"到"中等"的树种；SVF 在 0.2～0.45 时推荐选择树木高度为"低"、树干高度为"高"、叶面积指数为"中等"的树种，降低树冠对通风的阻碍。

（2）0.45 < SVF < 0.6：行道树绿化的优先级为中级，此时建筑遮阳与树冠遮阳对街道降温的影响相近，因此推荐选择树木高度为"低"、树干高度为"高"、叶面积指数为"茂密"的树种。

（3）SVF ≥ 0.6：行道树绿化的优先级为高级，此时建筑提供的遮阳较少，街道的降温主要依靠树冠遮阳，因此推荐树木高度为"低"、树干高度为"高"、叶面积指数为"茂密"的树种。

4

城市能耗

4.1 城市能耗与城市建筑能耗

4.1.1 城市能耗

城市是人类文明的主要物质空间载体，是人们生存和发展的主要场所。正因为城市具有这些重要的功能，所以城市需要消耗能源。城市里消耗的所有能源的总和被称为城市能耗。城市能耗的定义很简单，但深入分析会发现，城市能耗具有以下基本属性和特点。

首先，城市作为一个极其复杂的巨系统，有多个不同的子系统会消耗能源，也就是说，城市能耗产生的源头很多，具有多源性。城市中消耗能源的子系统主要包括：城市建筑、城市交通运输、城市照明、城市绿化园林、城市信息基础设施、城市工业生产等。这些消耗能源的城市子系统之间的边界总体上是清晰的，但有时也会存在一定的交叉重叠，例如，城市工业生产能耗与城市建筑能耗之间就存在一些交叉重叠，严格区分就需要更精确地对两者进行定义。

其次，城市能耗的空间边界存在一定的模糊性。城市本身作为一个物质空间有其边界，但对于这一边界的确定有不同的标准和方式，常见的包括城市的行政区划边界、城市的建成区边界等。城市能耗指城市里消耗的所有能源的总和，因此城市能耗也应该有一个边界，但定义这样一个边界不能简单照搬城市边界的定义，而是要考虑具体的研究和应用场景。例如，在研究城市用地规模与城市能耗的关系时，采用城市行政区划边界作为城市能耗的边界就不合适。这是因为，有些城市行政区划边界内的面积虽然很大，但实际的建成区面积只占较小的一部分，换言之，在城市行政区划边界内有许多土地并未开发建设，也没有在其上产生明显的能源消耗。因此，在研究城市用地规模与城市能耗的关系时，如果采用城市行政区划边界作为城市能耗的边界，会导致研究结论产生偏差。这种情况在我国西部地广人稀的城市中尤为突出。

城市能耗的空间边界具有模糊性的另一个原因是有些城市子系统产生的能耗很难被清晰地限定在一个空间边界内。以城市交通运输能耗为例，市内交通运输产生的能耗，包括市内公交车、地铁、上下班的私家车等，明显属于城市交通运输能耗。

但是，对于跨越城市边界的交通运输能耗的界定就没有那么清楚了。常见的处理方式有两种：一种是只计算实际发生在城市边界内的交通运输能耗，发生在城市边界以外的不包括；另一种是以交通运输能耗受益或服务的对象来确定，例如，一辆始发于河北某地的货车，运送物资至北京，虽然这辆货车在运输途中产生的能耗并没有完全发生在北京城市边界内，但因为这些能耗产生的目的是运送物资供北京使用，北京是这些交通运输能耗的受益或服务对象，所以将其全部计算为北京的城市交通运输能耗。

最后，城市能耗目前缺乏清晰、明确、直接的统计口径。国际上和我国对能耗的统计通常有两个口径，一是按照行业产业划分，二是按照能源类型划分。例如，中国能源统计年鉴将能源消费按照一次能源的类型划分为煤炭、石油、电力等[1]。一些城市的能源统计年鉴[2]按照第一产业、第二产业、第三产业统计能源消费，还会进一步按照全行业划分统计能源消费，这些行业包括农林牧渔业、工业（含采矿业、制造业、电力热力燃气等的生产和供应业等）、建筑业、批发和零售业、交通运输仓储及邮政业、住宿和餐饮业、金融业、房地产业等十几个行业。在有些情况下，统计年鉴还会单独统计"城乡和居民生活用电"。但是，关于城市能耗，目前并没有一个清晰、明确、直接的统计口径。不管发布的统计年鉴是按照行业产业统计能耗还是按照能源类型统计能耗，都无法简单地将其中若干种能耗相加来获得总的城市能耗。

4.1.2 城市建筑能耗

1. 城市建筑能耗的概念

城市建筑能耗指城市里大量建筑产生的能耗，这一概念又可以从广义和狭义两个方面理解。广义的城市建筑能耗指城市里大量建筑在全生命周期里产生的所有能耗的总和，包括建筑材料、建筑部品部件、建筑设备等建筑的所有物质构成在生产过程和运输过程中产生的能耗，建筑在施工过程中产生的能耗，建筑在运行过程中产生的能耗，建筑在拆除和处理过程中产生的能耗。狭义的城市建筑能耗仅指城市里大量建筑在运行过程中产生的能耗。

在城市建筑能耗的定义里，"大量"二字十分重要，既反映了城市建筑能耗与单体建筑能耗的区别，又蕴含了对于城市建筑能耗研究来说非常重要的"尺度"的概念。城市建筑能耗显然和单体建筑能耗有密切的联系，是大量单体建筑能耗的总和。但是，城市建筑能耗又不是简单的许多单体建筑能耗的叠加，从城市里随意选取多栋单体建筑，将它们的能耗加起来并不能构成城市建筑能耗。构成城市建筑能耗的多栋单体建筑应该在一起形成一个有特定建成环境的体系。按照覆盖的城市建筑数量的多少，城市建筑能耗可以发生在四个尺度层级：建筑群、街区、城区、城市。

在建筑群尺度，城市建筑能耗包括几栋到十几栋建筑的能耗；在街区尺度，城市建筑能耗包括十几栋到几百栋建筑的能耗；在城区尺度，城市建筑能耗包括几百栋到几千栋建筑的能耗；在城市尺度，城市建筑能耗包括几千栋到几万栋建筑的能耗。图4-1展示了在不同尺度层级城市建筑能耗包括的单体建筑数量。需要注意的是，由于城市的规模差异很大，对于有些特大型、超大型城市，在某一尺度的建筑数量可以超过前述的范围。例如，上海市杨浦区作为一个城区，有1.8万余栋建筑，明显超过了前述的城区尺度几千栋建筑的上限，达到了万量级。

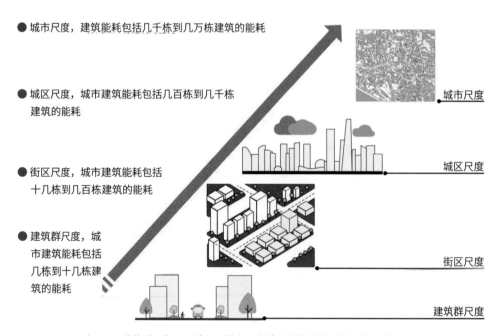

图4-1　建筑群、街区、城区、城市尺度城市建筑能耗包括的单体建筑数量

对建筑类学科而言，广义的城市建筑能耗和狭义的城市建筑能耗都是研究的对象，但由于建筑类学科研究的核心对象是城市和建筑的物质空间，所以后者（在运行过程中产生的城市建筑能耗）相对而言更受关注。本书后续提到的城市建筑能耗均指狭义的城市建筑能耗。

2. 城市建筑能耗的影响因素

影响城市建筑能耗的因素很多，总结起来可划分为八大类：大尺度背景气候条件、城市建成环境、城市微气候、建筑形体与空间、建筑围护结构、建筑用能系统、建筑使用者行为、建筑运行管理。每一大类影响因素又可进一步细分为许多个具体的要素、参数、物理量。

（1）大尺度背景气候条件

之所以称为大尺度背景气候条件，是因为要与城市微气候区分开。顾名思义，大尺度背景气候条件有两个特点，一是尺度大，二是背景性。所谓尺度大，是指气候条件的空间尺度大，一维方向通常在几百到上千千米，这个尺度已明显超过通常的城市空间范围，上升到区域层级。适用于这个尺度的气候模型一般是全球尺度之下的中尺度模型。所谓背景性，是指大尺度气候条件并不是城市建筑能耗产生的直接的气候边界条件，而是这一直接气候边界条件的背景，在很大程度上影响和限定了它的变化规律和范围。在城市和建筑研究领域经常采用的我国建筑热工设计分区，包括夏热冬冷、夏热冬暖、寒冷、严寒、温和地区，就属于大尺度背景气候条件。

（2）城市建成环境

城市建成环境是在自然和人工双重作用下形成的城市内部的具体物质环境。城市建成环境十分复杂，包括自然地形地貌、自然水体、自然植被、建筑、道路、城市基础设施、人工绿化、人工水体等。城市建成环境是城市建筑能耗产生的物质环境条件，通过多种机制影响城市建筑能耗，其中最显著、最重要的机制就是与大尺度背景气候条件共同决定了城市微气候。

（3）城市微气候

城市微气候是在大尺度背景气候条件和城市建成环境双重作用下形成的城市里特有的小尺度局地气候，它是城市建筑能耗产生的直接气候边界条件。大尺度背景气候条件的决定和影响因素多为大尺度的乃至全球性的因素，包括太阳辐射、纬度、海陆格局、高原、山脉、季风、洋流等。这些均为自然因素,然而,随着人类活动在强度和尺度上的不断加剧,人工因素已经可以影响到大尺度背景气候条件,例如,温室气体排放、森林破坏等。相较大尺度背景气候条件,城市微气候受人工因素的影响更加明显,这些人工因素可以归纳为城市建成环境以及其中发生的人类活动。

城市微气候的尺度显著小于大尺度背景气候条件,一维方向通常在几十米到几十千米。就具体的气候指标(温度、湿度、风速等)而言,城市微气候在很大程度上取决于大尺度背景气候条件,但不论从变化范围还是变化规律上来说,都可以与之显著不同。另外一点值得注意的是,城市微气候尽管总体上属于小尺度的局地气候,但其内部仍然存在时空异质性,可以进一步划分尺度进行研究。

(4)建筑形体与空间、建筑围护结构、建筑用能系统、建筑使用者行为、建筑运行管理

这几类影响城市建筑能耗的因素与单体建筑能耗的影响因素总体上是一致的,在此不作详细讨论,感兴趣的读者可以去阅读参考与单体建筑能耗相关的专著或资料。需要指出的一点是,在研究城市建筑能耗时,对这几类因素的考虑有时应拓展到城市层面,不能仅局限于单体建筑。以建筑使用者行为为例,相关研究并不少见,但绝大多数限定在单体建筑层面,关注建筑内使用者的行为,特别是在建筑内不同空间的分布以及对影响建筑环境和能耗的子系统(窗、空调、照明等)的操作和控制。但是,在城市建筑能耗的背景下研究使用者行为,需要突破单体建筑边界的限定,将单体建筑放在城市里进行考察。这时,人在城市里不同区域的分布及流动、在室内外之间的流动、在建筑之间的流动等都变得十分重要。此外,城市建成环境对建筑使用者行为的影响也应予以考虑。

3. 城市建筑能耗与单体建筑能耗的关系

显然,城市建筑能耗与单体建筑能耗之间有密切的关系,城市建筑能耗建立在单体建筑能耗的基础上,但又不等于单体建筑能耗的简单叠加。在计算单体建筑能耗时,通常将建筑看作一个独立的个体,不考虑周边复杂的城市建成环境对能耗的影响。但是,在研究城市建筑能耗时,城市建成环境的影响变得非常重要,不可忽视。不论是城市建筑间的互相遮挡、辐射、反射,还是城市建筑及其他要素形成的城市

微气候，都对城市建筑能耗有重要的影响。而这些因素在研究单体建筑能耗时一般被忽略而不予考虑。

再进一步延伸，从能耗到节能，单体建筑节能与城市建筑节能也有密切的联系和重要的区别。单体建筑节能的科学原理和一些技术手段在城市建筑节能上同样适用，这是两者的联系。但另一方面，理解城市建筑节能与单体建筑节能的区别更加重要。与单体建筑节能相比，城市建筑节能具有明显的不确定性，在某一栋或某一种类型的建筑上适用的节能技术，放到另一栋或另一种类型的建筑上可能就不适用。因此，实现城市建筑节能比实现单体建筑节能更具挑战性。此外，城市建筑节能具有较强的行业和公共政策属性，需要在技术之外考虑很多其他因素，这是应对成千上万栋城市建筑时必然会产生的现象。

4.2 城市建筑能耗计算方法

城市建筑能耗的科学计算对于分析城市用能状况、管理城市能源、制定城市用能政策具有重要意义。城市建筑能耗的计算方法主要包括两大类：自上而下法与自下而上法[3]，如图 4-2 所示。

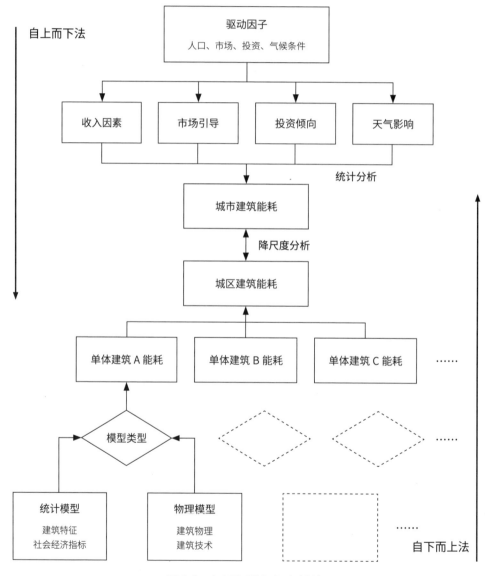

图 4-2　自上而下法与自下而上法

4.2.1　自上而下法

自上而下法是一种宏观方法，其依托汇总的历史能耗数据，并通过统计分析的方法，先建立城市建筑能耗与相关驱动因子（社会经济变量，如人口、市场、投资，以及气候条件等）之间的关系，再依据空间、时间需求进行降尺度分析[4]。自上而下法的优点在于：可以快速、直观地反映城市建筑能耗与社会经济之间的内在关系，易与政策制定相结合。其缺点在于：对技术细节（如建筑围护结构热工参数、设备运行情况等）描述的缺乏，使得该方法无法反映因技术改变而带来的能耗变化，也无法确定需要改进的关键技术领域。此外，该方法也无法反映城市物质空间对城市建筑能耗的影响。

4.2.2　自下而上法

与自上而下法不同，自下而上法逐一计算单体建筑的能耗，再将其累加，以得到城市建筑能耗。自下而上法可以细分成两种模型方法：统计模型与物理模型[5]。

1. 统计模型

统计模型依赖单体建筑历史能耗数据，通过回归分析、机器学习等建立单体建筑能耗与建筑特征、社会经济指标（人口、市场、投资等）之间的关系，进而推算出城区或城市建筑能耗。

回归分析是一种定量化的统计方法[6]，其可反映单体建筑能耗与建筑特征、社会经济之间的内在关系。但是，该方法的实施通常需要大量的样本，且所需单体建筑实际能耗数据也较难获取。此外，由于该方法不需要详细的技术数据，其分析建筑节能措施效果的能力也有限。

机器学习通过大量的训练，得出单体建筑能耗与相关因子之间的关系，为一种黑箱模型[7]。由于不需要详细的技术数据，该方法对节能措施的分析也较弱。

2. 物理模型

物理模型利用建的物理与技术特征来计算建筑能耗，是一种基于热力学的能耗计算模型[8]。物理模型通常需要输入详细的技术数据，其建模过程较为烦琐，且对计算机的性能要求较高。但详细的能耗模型对于用能场景分析非常有利，可预测因节能改造、运行优化、功能变更等带来的能耗变化。

物理模型包括原型建筑法（archetype approach）和全模型法（full-model approach）。原型建筑法将城市海量建筑归纳为若干种具有共同能耗规律的建筑原型，从而计算整个城市的建筑能耗[9]。该方法工作量适中，计算速度较快，可以反映建筑能耗的类型学规律，但会忽略建筑的异质性，在中小尺度的准确性较低。

全模型法对单体建筑能耗采用复杂、动态、精细的模型计算，对研究范围内的每一幢建筑进行建模[10]。该方法准确性高，普适性好，与规划设计和物质空间形态的结合度高，但工作量大，计算速度慢，对数据要求高。

表4-1对自上而下法与自下而上法的优、缺点进行了总结。

表4-1　自上而下法与自下而上法的优、缺点

	自上而下法	自下而上法	
		统计模型	物理模型
优点	① 可反映城区能耗与社会经济之间的内在关系； ② 易与政策制定相结合； ③ 不需要详细的技术数据	① 可反映城区、单体能耗与社会经济之间的内在关系； ② 不需要详细的技术数据	① 可反映因技术改变而带来的能耗变化； ② 可量化不同能耗场景的影响
缺点	① 无法反映因技术改变而带来的能耗变化； ② 无法确定需要改进的关键技术领域； ③ 无法反映城市物质空间对城市建筑能耗的影响	① 所需样本量大； ② 单体能耗数据不易获取； ③ 分析节能措施效果的能力有限	① 需要大量的技术数据； ② 技术数据的收集及能耗计算较为烦琐

4.2.3　城市建筑能耗模拟

城市建筑能耗模拟（UBEM）属于自下而上法中的物理模型方法，其用于计算建筑群内部及周边的热量、质量流，进而预测城市中建筑的能耗及其室内、室外的环境条件[11]。城市建筑能耗模拟可量化相关能源指标，如年度、季度能源使用情况、可再生能源发电潜力等，并为城市规划、运行管理及节能政策制定提供相关依据[12]。城市建筑能耗模拟的实施包含三个子任务，分别为：数据输入、热区构建及模型调整。

1. 数据输入

数据输入包括几何数据、非几何数据及天气数据的输入。① 几何数据包括：建筑基底、建筑高度、窗墙比、层数及地形。② 非几何数据包括：人员活动与设备运行模式、围护结构热工参数及暖通空调系统技术参数。具体地说，人员活动与设备运行模式包括：人员活动时间表、照明 / 电器 / 热水运行时间表、供冷 / 供暖温度时间表。围护结构热工参数指屋顶、外墙、窗户等构件的传热系数及窗户的太阳得热系数。暖通空调系统技术参数包括：冷热源机组的性能系数、水泵参数等。③ 天气数据包含室外温度、湿度、风向、风速、太阳辐射等信息。

2. 热区建构

城市建筑能耗模拟包含两种热区模型，一种是单热区模型，另一种是多热区模型。单热区模型将整幢建筑作为一个热区进行处理，而多热区模型则将每个空间作为一个热区，例如：将建筑的每一层作为一个热区，或将每一层中的内、外区作为一个热区。由于模拟时间与热区数量直接相关，单热区模型具有更快的模拟速度；但是，其通常无法准确预测建筑的冷、热负荷[13]。多热区模型则可以更准确地反映能耗量，但其同时也会消耗更多的模拟时间[11]。在热区建立后，需要依托相关软件对城市建筑能耗进行计算。目前，全球已开发了多款城市建筑能耗模拟软件，如表 4-2 所示。除现有城市建筑能耗计算软件外，也可依托 Rhino 与其插件 Grasshopper，通过参数化设定，进行城市建筑能耗计算[14]。

表 4-2　城市建筑能耗模拟软件汇总

名称	开发团队	类型	计算内核	发布日期
CitySim	洛桑联邦理工学院	软件	RC 模型	2009
SimStadt	斯图加特大学	软件	RC 模型	2013
UMI	麻省理工学院	Rhino 软件插件	热平衡（E+）	2013
CityBES	劳伦斯伯克利国家实验室	网站	热平衡（E+）	2015
URBANopt	美国国家可再生能源实验室	软件	热平衡（E+）	2016
CEA	苏黎世联邦理工学院	软件	RC 模型	2016
TEASER	亚琛工业大学	软件	RC 模型	2018
DeST-urban	清华大学	软件	热平衡（DeST）	2021

注：RC 为 Reduced Order，E+ 为 EnergyPlus。

3. 模型调整

城市建筑能耗模拟结果的准确性决定了节能政策制定的合理性和科学性。在建筑单体尺度，模拟结果往往与实测结果存在较大偏差，这是由一些关键参数（如人员信息、设备运行信息等）输入不精确造成的。但在城市研究中，这种误差极有可能被"平均化"，即单体建筑能耗误差有正有负，相互抵消后，在城市尺度实现平均，造成表面上的"精确"[11]。因此，更为准确的结果判断，不仅需要考虑城市尺度的建筑年能耗量，更需要立足于高时间分辨率（如逐月、逐时）以及高空间分辨率（如街区、单体）的结果分析，并据此调整城市建筑能耗模拟中的相关参数。

图 4-3 展示了城市建筑能耗模拟的实施流程。

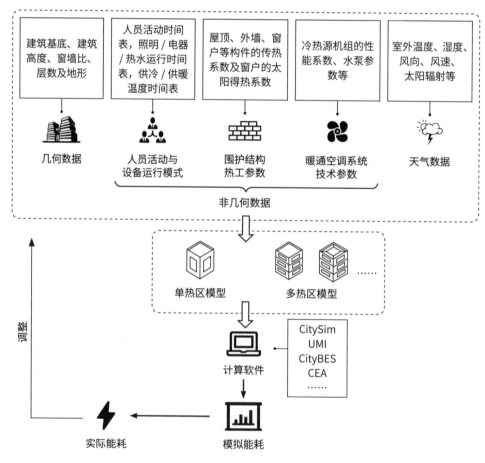

图 4-3　城市建筑能耗模拟实施流程

4.3 城市建筑能耗计算所需数据及其获取

城市建筑能耗计算，若无特殊说明，在下文中皆指使用城市建筑能耗模拟进行能耗计算。城市建筑能耗模拟所需数据包括两大类：输入数据及结果校验数据。其中，输入数据包括几何数据、非几何数据、天气数据；而结果校验数据通常指实际用能数据。

4.3.1 几何数据获取

城市建筑能耗模拟所需的几何数据包括：建筑基底、建筑高度、窗墙比、层数及地形，获取这些数据主要用于构建较为精细的城市建筑三维模型。目前，城市建筑三维模型的构建包含三种方法：① 使用已有数据库获取城市建筑三维模型；② 使用测绘技术构建城市建筑三维模型；③ 分别获取所需几何数据，并通过"基底拉伸"*，建立城市建筑三维模型。

1. 使用已有数据库

已有数据库包括公开数据库与非公开数据库。信息开放门户是最典型的公开数据库，其通常由政府建立并开放，如纽约的 NYC OpenData[15]、旧金山的 DataSF[16]、柏林的 Berlin 3D-Download Portal[17] 及米兰的 Portale Open Data[18]。信息开放门户数据的获取通常较为便捷且无需费用，但其主要存在于欧美大型城市中，整体可获得性一般。非公开数据库包括商业数据库及政府数据库。商业数据库依托测绘等方式获取城市建筑三维模型，并进行出售。其所包含城市较为广泛，可获得性较强。政府数据库（除信息开放门户）中的数据则不公开，需要通过与政府合作的方式获取，可获得性较差。在这些数据库中，城市建筑三维模型主要包括三种数据格式：CityGML 数据、Shapefile 数据及 GeoJSON 数据。

CityGML 是一种基于可扩展标记语言（XML）的开放数据模型，其定义了城市对象的几何尺寸、拓扑关系、外观及其他属性，包括建筑、水体、城市设施、植被等多种元素。开放地理空间信息联盟（Open Geospatial Consortium）将 CityGML

---

* 基底拉伸，以建筑基底为底面，基于建筑高度进行垂直拉伸，形成立方体模型。

模型划分为四个细节层次（LoD），如表 4-3 所示。对于城市建筑能耗模拟而言，LoD1 与 LoD2 是常用的"三维模型表达"，而 LoD3 和 LoD4 则较少使用。

表 4-3　CityGML 模型的四个细节层次

层级	描述	适用场景	图例
LoD1	盒式模型	城市、街区	
LoD2	包含屋顶样式（平、坡）的模型	城市、街区	
LoD3	包含屋顶样式与表面纹理的模型	建筑	
LoD4	比 LoD3 包含更详尽内部构造的模型	建筑	

CityGML 模型可以导入多款城市建筑能耗模拟软件，如 CityBES、TEASER、SimStadt、DeST-urban 等。目前，使用 CityGML 数据的城市建筑能耗模拟案例如表 4-4 所示。

表 4-4　使用 CityGML 数据的城市建筑能耗模拟案例

所在城市	建筑数量	细节层次	计算软件	研究目标	文献编号
波恩（德国）	2897	主要为 LoD2	TEASER	软件案例展示	[19]
卡尔斯鲁厄（德国）	约 4300	LoD2	CityBES	能源规划	[20]
鹿特丹（荷兰）	约 1000	LoD2	SimStadt	能源政策制定	[21]
路德维希堡与卡尔斯鲁厄（德国）	未知	LoD1 与 LoD2	SimStadt	节能改造	[22]
旧金山（美国）	540	LoD1	CityBES	节能改造	[23]

Shapefile 是一种由美国的环境系统研究所公司（Environmental Systems Research Institute，ESRI）开发的地理空间矢量数据格式。该格式的城市建筑三维模型可包含多条信息，如建筑基底、建筑高度、层数、建筑年代、建筑类型等，并可导入 UMI、SimStadt、CEA 等城市建筑能耗计算软件。表 4-5 列出了使用 Shapefile 数据的城市建筑能耗模拟案例。

表 4-5　使用 Shapefile 数据的城市建筑能耗模拟案例

所在城市	建筑数量	包含信息	计算软件	研究目标	文献
波士顿（美国）	83 541	建筑基底、建筑高度、结构类型、建筑功能	UMI	能源政策制定	[24]
波士顿（美国）	2662	建筑基底、建筑高度	UMI	城市建筑能耗模拟调参	[25]
科威特城（科威特）	336	建筑基底、建筑高度	UMI	城市建筑能耗模拟不同原型结果分析	[26]
楚格（瑞士）	未知	建筑基底、建筑高度、窗墙比、建筑年代	CEA	软件案例展示	[27]

GeoJSON 是一种基于 JavaScript 对象表示法的地理空间信息数据交换格式，其多应用于 Web 端。GeoJSON 格式的城市建筑三维模型可以导入 CityBES、URBANopt 等计算软件。目前，使用 GeoJSON 数据的城市建筑能耗模拟案例较少。

2. 使用测绘技术

测绘技术包括激光雷达（LiDAR）和倾斜摄影。LiDAR 是一种集激光测距、数字航空摄影、全球定位系统（GPS）、惯性导航系统（INS）等多种尖端技术于一身的空间测量系统。其利用激光投射到物体表面，并捕捉反射的散射光线来生成点云[28]。使用 LiDAR 构建城市建筑三维模型的一般流程为：① 区分地面点云与地物点云；② 从地物点云中提取建筑点云；③ 结合数字正射影像图（DOM）或建筑基底，构建城市建筑三维模型[29]。此外，也有部分研究仅使用点云数据，而不依赖 DOM 或建筑基底，进行城市建筑三维建模[30]。使用 LiDAR 进行建模的优点在于高精度、信息丰富；缺点在于成本高昂，点云处理工作量大，且机载 LiDAR 飞行会受到行政管制。目前，使用 LiDAR 得到的城市建筑三维模型，已被用于评估城市建筑屋顶光伏潜力的研究中[31]。

倾斜摄影是国际测绘领域近年来发展起来的一项高新技术，它颠覆了传统航空摄影只从正摄角度采集影像的方式，运用多角度相机（一垂直、四倾斜）同步获取地面物体各个角度高分辨率的航摄影像。使用倾斜摄影构建城市建筑三维模型包含四步：倾斜摄影、控制测量、空中三角测量及三维建模[32]。需要指出，在大多数情况下，使用倾斜摄影得到的是贴图模型，而非矢量模型。其主要作用为三维模型展示，不能用于城市建筑能耗模拟。但得益于摄影测量学和计算机视觉学的快速发展，点云数据已经可以从倾斜摄影图像中提取[33]，故可用于构建矢量化的城市建筑三维模型。使用倾斜摄影进行城市建筑三维模型构建，已可以达到厘米级的准确度[34, 35]，但其实施费用相对昂贵，且无人机的航飞区域有限，并会受到行政管制。

3. 分别获取所需几何数据

（1）建筑基底

建筑基底通常依托城市规划图获取，例如在瑞典哥德堡[36]、美国旧金山[37]、意大利米兰[38]、瑞士楚格[39]、瑞士圣加仑[40]、德国柏林[41]、美国得梅因[42] 等城市的能耗研究中，相关学者就使用城市规划图来获取建筑基底。城市规划图通常可以较好地反映城市建筑基底的实际形状，但其获取较为不易，往往需要通过与政府合作的方式获取。

此外，一些学者还通过 OpenStreetMap（OSM）来获取建筑基底。OSM 是一款免费且可编辑的世界数字地图，其由一群来自全世界的志愿者共同创建、维护与更新。OSM 的完整性在不同国家、不同城市间都存在较大差异，但总体来说，其建筑基底的完整性并不高，例如：在德国慕尼黑只有 66.1%[43]，在中国南京只有 44.3%[44]。但 OSM 建筑基底的准确性较高，Fan 等（2014）指出，与实际建筑基底相比，超过 75% 的 OSM 建筑基底面积误差可小于 10%。基于这些特征，OSM 通常被用作城市规划图的补充。

近年来，利用图像识别技术从高分辨率遥感影像中提取建筑基底的研究受到越来越多学者的关注。这些遥感影像主要包含两种类型：卫星遥感影像和航空遥感影像。Gavankar 和 Ghosh[45] 使用 *K*-means 聚类算法从高分辨率卫星遥感影像 IKONOS（0.6 m 分辨率）中提取美国圣塔安娜市的建筑基底。Schuegraf 和 Bittner[46] 使用 U-Net 算法从 WorldView-2 卫星遥感影像（0.5 m 分辨率）中识别德国慕尼黑市的建筑基底。Wang 等[47] 提出了一种物体边界约束下的自适应形态属性曲线（AMAP-OBC）方法，从 WorldView 卫星遥感影像（0.5 m 分辨率）中提取中国重庆市和南京市的建筑基底。基于 ConvNet 算法，Yuan[48] 从美国华盛顿特区高分辨率航空影像（0.3 m 分辨率）中提取建筑基底。Yang 等[49] 则采用卷积神经网络（CNN），从国家农业图像项目所提供的航空影像（1 m 分辨率）中提取整个美国的建筑基底。目前，使用图像识别从高分辨率遥感影像中提取建筑基底的完整性及准确性可分别达到 84.9% ～ 97.0% 和 81.5% ～ 96%[50]，整体效果较好。

众所周知，包括谷歌地图、必应地图、百度地图和高德地图在内的多款开放地图，以其位置搜索和路线规划功能而闻名。事实上，这些地图还包含诸多其他功能，但需要通过相应的应用程序接口（API）来调用。建筑基底的获取可通过静态图 API 实现。通过该 API，用户可自行调整地图中各要素（如建筑、道路、绿地、水体等）的属性（如开闭状态、颜色等），并生成静态地图，因此，当仅保留建筑要素，而关闭其他要素时，便可得到建筑基底。Ren 等[51] 通过静态图 API，从谷歌地图中获取香港的建筑基底，并发现：与实际建筑基底相比，两者表现出良好的一致性（R^2 = 0.824）。Wang 等[44] 也发现，使用静态图 API 从百度地图获取南京建筑基底的完整性可达 87.6%。需要注意，使用静态图 API 获取的建筑基底为图片格式，需要通过矢量化，得到可用的建筑基底。此外，通过不同的开放地图获得的建筑基底，其坐标系也不相同，例如：使用百度地图得到的建筑基底，其坐标系为百度墨卡托*，需要通过坐标转换，得到所需的坐标系[52]。

（2）建筑高度及层数

建筑高度与层数的获取类似于建筑基底，也可依托城市规划图或 OSM 实现[36, 38]。但需要指出：① 城市规划图中多显示层数，而非建筑高度；② 建筑高度与层数在 OSM 中的数据完整性远低于建筑基底，有时一个区域甚至不包含两者信息[43]。

---

* 百度墨卡托，由百度公司开发的、基于墨卡托投影的坐标系。

其次，建筑高度与层数还可通过能效测评证书（EPC）、税收报告[24,36]等文件查询获取。但这些文件通常掌握在政府手中，可获得性较差。

此外，建筑高度与建筑层数还可通过层高进行相互转换，即：当知晓其中一种信息时，可推算出另一种信息。对于住宅建筑而言，其层高稳定在 3 m 左右，使用该方法效果较好（R^2 值可达 0.95）[53]；但对于公共建筑而言，由于其层高变化较大，使用该方法会大大增加误差。

除上述方法外，建筑高度还可通过另外三种方式获取，它们分别为：使用归一化数字表面模型（nDSM）、建筑阴影法与建筑垂直边缘法。nDSM 由数字地形模型（DTM）与数字表面模型（DSM）作差获得（图 4-4）。DTM 反映地面的高程，而 DSM 反映地面上所有物体的高程，包括树木、建筑等。通过链接 nDSM 与建筑基底，可将 nDSM 中的高度信息分配给相应的建筑基底[51]。为了实现该方法，获取 DSM 与 DTM 是首要任务，其可通过两种数据源获取：卫星雷达数据和机载 LiDAR 数据。卫星雷达数据最初是为地貌学、气象学、海洋学和生物多样性研究而开发的，其可以分为两类，即：商业数据，如 WorldDEM 和 AW3D（5 m 分辨率），以及免费数据，如 SRTM V3、ASTER GDEM 和 AW3D30（Grohmann，2018）。Ren 等[51]曾从 AW3D30 中提取 nDSM，以获取建筑高度，进而构建城市建筑三维模型。机载 LiDAR 数据也可用于获取 nDSM。该种数据主要掌握在地方政府手中，如瑞士圣加仑[40]、奥地利格莱斯多夫[54]、加拿大温哥华[55]等。可通过与政府合作获取该数据，并用它来实施城市建筑能耗模拟。该方法的精度主要受 nDSM 分辨率的影响，例如：分辨率为 0.5 m 的 nDSM 可以较为准确地表示高度，而分辨率为 30 m 的 nDSM 误差较大[51]。

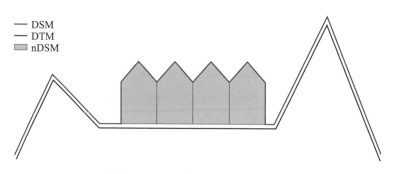

图 4-4　nDSM 与 DTM、DSM 的关系

众所周知，物体的高度与其阴影长度相关。因此，建筑的高度也可以根据其阴影长度来计算。在卫星遥感影像中，建筑的高度（H 或 L_{AB}）与其阴影长度（$L_{A_1A_2}$）之间的关系由四个参数决定，即太阳高度角（h_S）、太阳方位角（α_S）、卫星高度角（h_{SA}）和卫星方位角（α_{SA}）[56]，如图 4-5 所示。

具体而言，其关系可量化为：

$$H = \tan h_S \left[h_{A_2B} \cdot \cos(\alpha_S - \alpha_{SA}) + \sqrt{L_{A_1A_2}^2 - L_{A_1A_2}^2 \cdot \sin^2(\alpha_S - \alpha_{SA})} \right] \qquad (4\text{-}1)$$

由于式（4-1）较为复杂，Qi 等[57] 又将其简化为：

$$H = R_{CS} \cdot L_{A_1A_2} \qquad (4\text{-}2)$$

式中：R_{CS} 为建筑高度与阴影长度的比率。当以下 2 个条件被满足时，R_{CS} 可被当作定值。

● 实验区域的整体地面坡度小于 3°。由于地面起伏会影响阴影长度，较大的地面坡度会增大建筑高度计算的误差。

● 卫星遥感影像所包含的区域边长应小于 50 km。在这一区域内，同一遥感影像中每个点的太阳高度角（h_S）和太阳方位角（α_S）几乎相等。

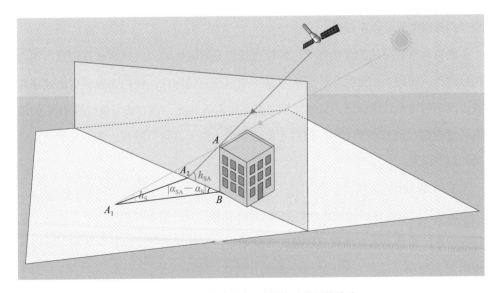

图 4-5　建筑的高度与其阴影长度之间的关系

通过典型建筑的建筑高度及阴影长度，可以容易地计算出 R_{CS}。然而，获取城市海量建筑的阴影长度十分耗时，Qi 等[57] 也只提出了手动测量的方法。对于建筑阴影的测量，主要采用图像识别的方法，其分为监督和非监督的方法。监督的方法以一些建筑阴影样本作为训练集，并使用算法，如支持向量机（SVM）[58]、卷积神经网络[59]、随机森林[60] 等来识别建筑阴影。而非监督的方法主要依赖建筑阴影的光谱特征，使用其直方图阈值来检测建筑阴影[61]。在获取目标建筑阴影长度后，可使用式（4-2）高效地计算城市建筑高度。但是，该方法仍有一个不足需要考虑：在拥有众多高层建筑的高密度城市区域，建筑物的阴影会互相重叠。相关研究表明，对于高度在 20 m 左右的建筑物，阴影测量的平均绝对误差（MAE）可维持在 1 m 左右；然而，当该方法应用于高层、高密度地区时，误差将变大[57]。因此，该方法适合在某些低层、低密度区域使用。

与建筑阴影法相类似，建筑垂直边缘法也用于建筑高度获取。建筑垂直边缘法的原理在于：在一定的空间范围内，建筑实际高度与其在遥感影像中垂直边缘长度的比值相对固定（约束条件与建筑阴影法一致），因此，可通过获取建筑垂直边缘长度与比值，计算出建筑的实际高度[57]：

$$H_i = R_{HS} \cdot L_i \tag{4-3}$$

式中：H_i 为建筑 i 的高度，m；L_i 为建筑 i 的垂直边缘长度，m；R_{HS} 为比值，该比值可通过部分典型建筑计算获得。

建筑垂直边缘法的优势在于：即使在城市高密度区域内，建筑垂直边缘也不会相互遮挡，如图 4-6 所示。王超等[62] 基于建筑垂直边缘法，使用图像识别快速获取城市建筑的垂直边缘长度，以此计算出城市建筑的高度。该方法可以做到 76% 的建筑高度的相对误差小于 10%，但对于低矮建筑，由于其建筑垂直边缘不易识别，会增大识别误差。

（3）窗墙比

窗墙比通常无法通过城市规划图或 OSM 获取，其一般参照相关规范或依据专家经验设定。虽然上述方法具有较高的实施效率，但其并不能反映真实情况，准确性较低[63]。

图像识别是获取城市建筑窗墙比的另一种方法，其可以通过监督[64] 或非监督[65]

图4-6 建筑垂直边缘样例

的方法实现。Wang 等[52] 提出了一种基于 U-Net 算法的人工智能方法，以自动识别建筑立面照片中外墙和窗户，并计算城市海量建筑的窗墙比；该方法目前可以做到75% 的窗墙比的相对误差小于 10%。

（4）地形

尽管许多文献都指出了地形对城市建筑能耗的影响[26]，但在相关城市建筑能耗模拟研究中，地形往往被当作平地简化处理。地形数据可以通过 DTM 或 CityGML 数据获取。

通过上述分析，表 4-6 对城市建筑能耗模拟所需几何数据的获取方法（来源）、方法（来源）的准确性及实施数据的可获得性和费用进行了汇总。

4.3.2 非几何数据获取

非几何数据包括：人员活动与设备运行模式、围护结构热工参数及暖通空调系统技术参数，其可通过"原型建筑法"或"全模型法"获取。

1. 使用原型建筑法

"原型建筑法"的实施包含两步：① 分类，即依据建筑功能、年代、面积、所处气候区等，将城市建筑分成若干类别；② 特征描述，即为上述各建筑类别分别

表4-6 几何数据的获取方法（来源）、方法（来源）的准确性及实施数据的可获得性和费用汇总

获取方法（来源）			数据评价		
目标数据	具体方法（来源）	实施数据	准确性	可获得性	费用
城市建筑三维模型	已有数据库	信息开放门户数据	较高	较好	免费（公开）
		商业数据库	较高	一般	一般
		政府数据库	较高	较差	免费（非公开）
	LiDAR	LiDAR数据	较高	较差	较高
	倾斜摄影	倾斜摄影数据	较高	一般	较高
建筑基底	规划图	规划图	较高	较差	免费（非公开）
	OSM	OSM	一般	较好	免费（公开）
	图像识别	卫星遥感影像	一般	一般	一般
		航空遥感影像	一般	较差	免费（非公开）
	开放地图API	开放地图	一般	一般	免费（非公开）
建筑高度	规划图	规划图	较高	较差	免费（非公开）
	OSM	OSM	一般	较好	免费（公开）
	政府文件	EPC、税收报告等	较高	较差	免费（非公开）
	估算	—	较低	—	—
	nDSM	卫星雷达数据	一般	一般	一般
		机载LiDAR数据	一般	较差	一般
	建筑阴影法	卫星遥感影像	一般	一般	一般
		航空遥感影像	一般	较差	免费（非公开）
	垂直边缘法	卫星遥感影像	一般	一般	一般
		航空遥感影像	一般	较差	免费（非公开）
层数	规划图	规划图	较高	较差	免费（非公开）
	OSM	OSM	一般	较好	免费（公开）
	政府文件	EPC、税收报告等	较高	较差	免费（非公开）
	估算	—	较低	—	—

获取方法（来源）			数据评价		
目标数据	具体方法（来源）	实施数据	准确性	可获得性	费用
窗墙比	规范、标准	规范、标准数据	较低	较好	一般
	个人经验	—	较低	—	—
	图像识别	街景图片等	一般	一般	免费（非公开）
地形	DTM	卫星雷达数据	较高	一般	一般
		机载 LiDAR 数据	较高	较差	一般
	CityGML	CityGML 数据	较高	一般	免费（公开）

设定人员活动与设备运行模式（人员活动时间表、照明 / 电器 / 热水运行时间表、供冷 / 供暖温度时间表等）、围护结构热工参数（屋顶、外墙、窗户等构件的传热系数及窗户的太阳得热系数等）、暖通空调系统技术参数（冷热源机组的性能系数等）。原型建筑法在"特征描述"部分通常参考：① 标准、规范、导则等，如美国 ASHRAE 标准[66]、美国能源部（DOE）参考文件[67]、中国国标（GB）[68]、英国国家计算方法（NCM）导则[69] 等；② 公开项目数据，如欧盟 TABULA 项目[70] 与 Entranze 项目[71] 数据。表 4-7 汇总了使用原型建筑法的城市建筑能耗模拟案例。

表 4-7　使用原型建筑法的城市建筑能耗模拟案例

城市	分类		特征描述			文献编号
	依据信息	类别数	人员活动 / 设备运行	围护结构 热工参数	暖通空调 技术参数	
里斯本（葡萄牙）	年代、形状	10	Ⅱ	Ⅱ	Ⅱ	[72]
波士顿（美国）	功能、年代	76	Ⅰ	Ⅰ	Ⅰ	[24]
哥德堡（瑞典）	功能、年代	192	Ⅰ	Ⅱ	Ⅱ	[36]
米兰（意大利）	功能、年代、面积	56	Ⅱ	Ⅰ	Ⅰ	[38]
楚格（瑞士）	年代、人员类型	172	Ⅰ	Ⅱ	Ⅱ	[39]
得梅因（美国）	形状、用能类型	124	Ⅰ	Ⅰ	Ⅰ	[42]
大阪（日本）	功能、面积	20	Ⅱ	Ⅱ	Ⅱ	[9]

注：Ⅰ为标准、规范、导则；Ⅱ为公开项目数据。

原型建筑法是目前城市建筑能耗模拟最常用的非几何数据获取方法，其优势在于便捷、易操作。但原型建筑法多依据规范、标准或项目数据设定非几何参数，其输入值与实际值存在一定偏差。从结果来看，原型建筑法在城市尺度上，误差为5%～20%，但在单体尺度上，误差可达40%以上[11]。造成这一现象的原因是：城市建筑能耗模拟的"平均效应"，即单体建筑能耗误差有正有负，相互抵消后，在城市尺度上实现平均。而单体尺度上的不准确是由输入数据的不准确造成的。因此，在使用原型建筑法时，提高"分类"和"特征描述"的准确性是十分必要的。

2. 使用全模型法

全模型法旨在获取研究区域内每一幢建筑的非几何信息，包括：人员活动模式、设备运行模式、围护结构热工参数及暖通空调系统技术参数。

（1）人员活动模式

人员是一个重要的非几何数据，其既影响建筑室内得热（室内人员数量/密度研究），又参与建筑运行（人行为研究）。室内人员数量/密度在城市研究中有新的研究思路与方法，而人行为研究实际上是对照明、电器、热水等系统运行的研究。城市尺度的室内人员数量/密度研究主要包含四种方法：① 数据驱动法，依托大数据探究室内人员数量/密度变化规律；② 基于代理（agent-based）的方法，通过随机模型或机器学习的方法模拟区域内人员移动，进而构建室内人员数量/密度变化模型；③ 随机模型，通过非均质马尔科夫链（non-homogeneous Markov chains）构建室内人员数量/密度变化模型；④ 城市因子法，基于城市因子，如交通、人口等，构建室内人员数量/密度变化模型。

随着云时代的来临，大数据也吸引了越来越多的关注。大数据通常包括：GPS数据、基于位置的服务（LBS）数据、社交媒体数据、手机信令（CDR）数据等。这些数据通常包含：设备号、经纬度、记录时间等信息。在城市尺度的室内人员数量/密度研究中，主要使用LBS数据。Happle 等[73]使用谷歌地图LBS数据，通过取各时刻人员密度的中值，构建了美国13市零售、餐饮的室内人员密度变化模型。Wu 等[74]使用美国圣安东尼奥市约20%手机用户的LBS数据，通过取各时刻人员密度的平均值，构建了16种建筑类型（如医院、中学、办公、快餐店等）的室内人员密度变化模型。Gu 等[75]则通过对上海的腾讯LBS数据进行 K-means 聚类，得到了 7 种建筑类型的室内人员数量变化模型。目前，使用数据驱动法得到的结果仅用来与规范数据相比较，如 DOE 数据和 ASHRAE 数据，而非实际数据，这是因为：在城市尺度上获取建筑室内实际人员数量数据，成本较高且有隐私保护，获取难度较大[76]。因此，该方法的准确性还需要更多实际案例来进一步验证。此外，使用大数据（如 LBS、CDR 数据）时，还会面临如下问题：① 一些老人和儿童没有手机；② 一些人可能有多部手机。这些情形都会对方法的准确性造成影响。

建筑室内人员数量 / 密度的变化实际上是由人员移动造成的，而人员移动具有"时空性"（图 4-7），并遵循一定的社会规则[77]，即：① 人员移动应包含时间选择（何时走？）与空间选择（去哪里？）；② 人员移动虽具有自发性，但也受到一定的社会约束，如上班期间，一个工作人员可能在其工位上工作，也可能去会议室开会，但不太可能去商场购物。基于代理的方法正是考虑每个代理人（agent）特定的移动规则，来模拟建筑室内人员 / 密度的变化。Barbour 等[78] 使用 TimeGEO，并基于美国波士顿 192 万条 CDR 数据，模拟了城市人员移动及建筑室内人员数量变化。TimeGeo 是一种基于马尔科夫链的时空模型框架[79]，其需要设定时间选择参数［包括每周家庭人数（weekly home-based tour number）、移动昼夜节律（travel circadian rhythm）、停留率（dwell rate）、突发率（burst rate）］及空间选择参数［包括基于等级的探索和优先回归机制(rank-based exploration and preferential return, r-EPR)］，

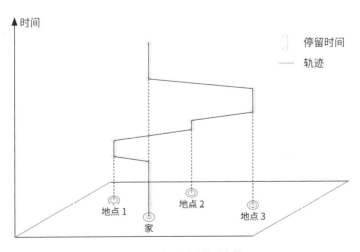

图 4-7　人员活动的时空性

这些参数通过大数据归纳得出。Mosteiro-Romero 等[76] 使用 MATSim，并基于校园注册人数及作息调研，模拟了瑞士楚格某一校园的建筑室内人员变化。MATSim 是一款基于进化算法（evolutionary algorithms）的软件，其目标是调整人员的移动计划，直至找到最佳方案[80]。基于代理的方法目前已被证实具有较高的准确性[81, 82]。

使用随机模型构建室内人员数量 / 密度模型是建筑单体领域的一种经典方法，其主要通过非均质马尔科夫链实现。非均质马尔科夫链首先计算研究对象从一个状态到另一个状态的转换概率，而其下一状态可由当前状态和转换概率计算得出[83]。非均质马尔科夫链的实施需要两个关键参数："起始状态"和"转换概率"，其在城市层面主要通过大尺度、高分辨率时间使用调查（TUS）获得。Richardson 等[84] 基于英国 2000 年的 TUS 数据（10 min 分辨率），构建了英国住宅的室内人员密度概率模型。Widén 等[85] 通过分析瑞典 426 条 1996 年的 TUS 数据（1 min 与 5 min 混合分辨率），构建了瑞典住宅的室内人员密度概率模型。此外，基于法国 7949 条 1998—1999 年的 TUS 数据（10 min 分辨率），Wilke 等[86] 构建了法国住宅的室内人员密度概率模型, 并以此进行建筑能耗模拟。该方法在单体研究中往往有较好评价，如："几乎相同"[84] "差异很小"[85] "相对误差很小"[86] 等，但其在城市尺度上的应用还需要更多验证。

城市因子法认为建筑室内人员数量 / 密度变化受到某些城市因子的影响。这一假设可以从一些常见的现象中得到验证，如购物中心往往建在人口密度高、交通便利的繁华地区，以期获得更大的客流量。Wang 等[87] 首先基于室内逐时人员密度实测，并通过正态函数叠加，构建了单体商业建筑室内逐时人员密度模型。接着，选取交通可达性与周边人口规模作为城市因子，并用其替换单体模型中的系数，构建了城市商业建筑室内逐时人员密度模型。在其研究中，75% 的案例建筑及 67% 的测试建筑的预测 R^2 值大于 0.5，且峰值发生时间的预测误差可控制在 1 小时以内，预测效果较好。

（2）设备运行模式

设备运行模式包括：照明、电器、热水及供冷 / 暖温度的运行控制。其中，照明、电器、热水的运行控制研究可采用机器学习或随机模型的方法；照明还可采用人员 - 环境法；而供冷 / 供暖温度的运行控制多采用机器学习的方法进行研究。

使用机器学习的方法来获取照明、电器、热水的运行规律，需要获取能耗监测数据，如用电量。Causone 等[88] 基于意大利米兰 70 幢住宅的用电监测数据，采用自组织映射（self-organizing map）与 K-means 聚类相结合的方法，构建了 5 类设备用能模式，并对每类区分出高、中、低 3 种用能情形。最终，使用以该方法得到的设备运行模式进行城市建筑能耗模拟，误差仅为 − 7% ～ 8%，准确性较高。但是，由于能耗监测数据的不易获取性，该方法的实施也受到诸多限制。

使用随机模型的方法获取照明、电器、热水的运行规律多依靠 TUS 数据，并需要以下三步。① 家庭分类，其通常依据社会经济因素实施，如 Fischer 等[89] 以及 Yao 等[90] 选择家庭组成（家庭人数）和工作模式（全职、兼职、不工作）作为依据，分别将家庭分成 7 类和 5 类。Richardson 等[91] 仅依据家庭组成来处理这一问题。② 生成每个设备的运行时间表。建筑设备的种类众多，仅英国能源与气候变化部就列出了 250 多种设备[92]，其中，大部分设备的运行都与人行为相关，如照明设施、电视、电脑、炊具、洗衣机等。此外，一些设备的运行与人行为无关，如冰箱。为了生成设备运行时间表，相关研究多使用大尺度、高分辨率 TUS 数据。在 Fischer 等[89] 的研究中，设备运行模式的生成基于三个参数：每日启动次数、启动时间和使用时长。这些参数从欧洲统一时间使用调查（德国部分）（the German part of the Harmonized European Time Use Survey）中计算获取[93]。Yao 等[90] 使用随机数生成器来生成每个设备的运行时间表。该生成器的建立基于 TUS 中各设备的日平均能耗量。Richardson 等[91] 则使用英国 TUS 数据计算各活动概率，然后乘以校准标量进行值调整，再与 0 和 1 之间的随机数进行对比，以确定事件是否发生，并生成最终的设备运行时间表。③ 按家庭类型，将各设备运行时间表整合成一个集成时间表。为了将该方法应用到城市尺度，Yao 等[90] 提出了一种可行的方法：使用英国家庭构成统计资料来确定某一地区各类型家庭所占比例，并为其分配相应的设备运行集成时间表。使用该方法预测的年电耗量误差可小于 5.2%[89, 91]，准确性较高，但实施该方法所需要的 TUS 数据仅存在于部分国家、地区，可获得性较差。

人员 – 环境法是为了获取照明的运行规律而提出的，其综合考虑室内人员存在状态及太阳光照度。Reinhart[94] 基于室内动态人员密度概率模型和太阳光照度来预测某一办公室的照明运行规律，其中，室内动态人员密度概率模型通过改进的

Newsham 随机模型[95]得出，而太阳光照度则通过 DAYSIM 软件[96]模拟得出。此外，Widén 等[85]使用马尔可夫链预测室内人员密度概率模型，并使用气象数据库 Meteonorm 6.0 获取太阳光照度，以此预测建筑照明运行规律，并得到了与测量值较为一致的结果。

供冷、供热的温度设定对于城市能耗模拟十分重要。Booten 等[97]指出：即使是 0.5 ℃ 的温度设置偏差，也有可能造成 10% 的能耗模拟误差。供冷、供热的温度多基于大量的室内温度监测数据，并通过机器学习的方法确定。Ren 等[98]通过对美国里维尔市 62 幢公寓进行为期 2 个月的室内温度监测，并采用 K-means 聚类与决策树相结合的数据分析方法，挖掘了室内温度变化规律。Panchabikesan 等[99]基于加拿大 13 187 幢住宅的温度监测数据，并通过 k-Shape 聚类方法，构建了 4 种温度时间表。该方法通常具有较高的准确性，但其实施也受到监测数据不易获取的限制。

（3）围护结构热工参数

使用"全模型法"获取城市建筑围护结构热工参数的研究较少，目前仅有的方法为使用机器学习建立围护结构热工参数与城市建筑因子之间的内在关系。Wang 等[100]通过 K-means 对城市建筑的围护结构热工参数，包括屋顶、外墙、外窗的传热系数及外窗的太阳得热系数，进行聚类分析，再基于随机森林分类，以建筑年代、功能、层数、面积、体积、外表面积、体形系数、所处城市、所处气候区等城市建筑因子作为输入项，预测热工参数所属类别，并使用该类别的重心作为最终的热工参数值。通过验证，发现：该方法的准确性较高，所有围护结构热工参数预测的 R^2 值都大于 0.6。

（4）暖通空调系统技术参数

预测暖通空调系统的技术参数，首先应确定暖通空调系统的组成。城市建筑暖通空调系统的类型应该是多样的（如水冷冷水系统、地源热泵系统、多联机系统等），具有异质性。然而，这种异质性在城市研究中常被忽略，如 Heiple 等[101]在研究美国商业建筑能耗时，建立了 22 种原型建筑，但仅包含了 2 种暖通空调系统类型（用电、用气）。忽略城市建筑暖通空调系统的异质性会造成城市建筑能耗模拟的误差[102]。目前，一种预测城市建筑暖通空调系统组成的方法为：基于统计数据，并使用机器学习的方法建立暖通空调系统组成与城市建筑因子之间的关系。Yamaguchi 等[102]

基于日本空气调和·卫生工学会（Society of Heating, Air-Conditioning, and Sanitary Engineers of Japan, SHASE）的暖通空调系统数据集，并使用逻辑回归（logistic regression），将建筑面积、建筑年代、采暖天数、城市人口密度作为输入项，预测了城市商业建筑暖通空调系统的组成。Kim 等[103] 使用同样的方法模拟了办公建筑暖通空调系统的组成。在确定暖通空调系统的组成后，可参考 NCM[69] 等技术导则获取各暖通设备的技术参数。该方法在日本已被证明具有较高的准确性，但其在其他地区的表现有待进一步检验。

通过上述分析，表 4-8 对城市建筑能耗模拟所需非几何数据的获取方法、方法的准确性及实施数据的可获得性和费用进行了汇总。需要说明的是，使用真实数据会大大提高结果的准确性[76]。因此，基于大数据、计量数据、监测数据开展的研究，会有更高的准确性。

表 4-8　非几何数据的获取方法、方法的准确性及实施数据的可获得性和费用汇总

获取方法（来源）			数据评价		
目标数据	具体方法（来源）	实施数据	准确性	可获得性	费用
原型建筑	原型建筑法	标准、规范数据	一般	较好	免费（部分收费）
		公开项目数据	一般	一般	免费（公开）
建筑室内人员数量/密度模型	数据驱动法	LBS 数据	较好	较差	较高
	基于代理法	CDR 数据	较好	较差	较高
	随机模型	TUS 数据	一般	一般	免费
	城市因子法	实测数据及地理大数据	一般	较差	一般
照明、电器、热水运行规律	机器学习	计量数据	较好	较差	较高
	随机模型	TUS 数据	一般	一般	免费
	人员-环境法	监测数据	较好	较差	较高
室内控制温度	机器学习	监测数据	较好	较差	较高
围护结构热工参数	机器学习	统计数据	一般	一般	免费（非公开）
暖通空调技术参数	机器学习	统计数据	一般	一般	一般

4.3.3　天气数据获取

城市建筑能耗模拟所使用的天气数据包含 4 种：典型气象年（typical meteorological year，TMY）数据、周边气象站实测数据、城市微气候模拟数据及未来天气数据。

以长期的历史天气数据（通常为 10 年或更久）为依据，选取各月最接近平均值的天气数据来构建 TMY。需要注意的是，TMY 并不是真实天气数据，其不能反映某年特殊的天气，而是更倾向于反映长期稳定的天气状况[42]。TMY 数据可以从美国能源部数据网站[104] 获取，其包含全球约 2100 个城市的天气数据。由于 TMY 数据的易获取性，其被广泛用于城市建筑能耗模拟研究中，如对波士顿[24]、旧金山[23]、得梅因[42]、里斯本[72] 等城市所作的建筑能耗研究。

使用城市周边气象站的实测数据是另一种可行的方法。该方法与 TMY 数据的相同点在于：两者通常都是在城市郊外测得。不同点在于：实测数据反映的是近期天气数据，而非长期历史数据。目前，一些学者选择更接近现状的气象站实测天气数据来进行城市建筑能耗模拟研究，例如：Buffat 等[40] 使用从瑞士气象服务站 MeteoSwiss 获得的实测天气数据来模拟瑞士圣加仑市某区域的城市建筑热需求。Sokol 等[25] 使用美国马萨诸塞州剑桥市当地的气象站实测数据，对研究区域内的所有住宅建筑进行了能耗预测。Cerezo Davila 等[26] 依据科威特城某气象站实测数据，模拟了研究区域内所有别墅的能耗。气象站实测数据一部分由政府管理，另一部分则由商业公司拥有。对于政府管理的气象站实测数据，出于对数据隐私的考虑，其获取具有一定的难度；而商业公司所拥有的气象站实测数据，则可通过付费的方式获取。

城市微气候（如城市热岛效应）对城市建筑能耗有巨大影响[105]。然而，无论是 TMY 数据还是周边气象站实测数据都无法准确地反映城市内部的微气候状况。对于城市微气候，通常基于周边气象站的实测数据，并通过分析城市建筑与城市气候间的相互作用来进行模拟。Garreau 等[106] 通过城市天气生成器（UWG）模拟城市微气候，并将其作为输入项得到了法国拉罗谢尔市建筑的总用冷量，还通过与 TMY 数据作为输入项的模拟结果对比，发现：使用 UWG 得到的模拟总用冷量要比使用 TMY

得出的高出 19%。Katal 等[107] 使用城市快速流体动力学（CityFFD）模拟加拿大蒙特利尔市中心区的微气候，并将结果输入能耗模拟软件 CityBEM 中计算总用冷量。Perera 等[108] 使用冠层接口模型（CIM）模拟巴勒斯坦纳布卢斯某区域的城市微气候，并发现：忽视城市微气候将会造成 50% 的能耗模拟误差。城市微气候模拟数据考虑到了城市微气候及边界条件，可以更准确地反映城市内部气象状况，因此，其准确性相对较高[12]。

未来天气数据，顾名思义指对未来天气的预测，其通过"变形"（morphing）的方法获取。"变形"的原理是：将当前天气数据（TMY 数据或周边气象站实测数据）与气候模型［大气环流模型（GCM）或区域气候模型（RCM）］相结合，并通过数学变换，得到未来天气数据[109]。Yassaghi 等[110] 使用 CCWorldWeatherGen（一款基于"变形"的天气生成软件）生成了美国费城 2080 年的天气数据，并发现：随着全球变暖的进一步加剧，未来费城的建筑制冷需求将上升约 6.7%。未来天气数据的准确性取决于其"变形"时所使用的气候模型。通过研究发现，使用 RCM 得到的未来天气数据准确性更高[109]。

表 4-9 对城市建筑能耗模拟所需天气数据的获取方法、方法的准确性及实施数据的可获得性和费用进行了汇总。

表 4-9　天气数据的获取方法、方法的准确性及实施数据的可获得性和费用汇总

获取方法（来源）			数据评价		
目标数据	具体方法（来源）	实施数据	准确性	可获得性	费用
TMY 数据	从 DOE 网站等获取	—	较差	较好	免费
周边气象站数据	与政府合作或商业购买	—	一般	政府数据：较差 商业数据：较好	政府数据：免费 商业数据：一般
城市微气候数据	基于流体力学的模拟	气象站实测数据	较好	取决于 TMY 数据和气象站实测数据的可获得性	取决于 TMY 数据和气象站实测数据的费用
未来天气数据	变形	TMY 数据或气象站实测数据，以及 GCM 或 RCM 数据	RCM：较好 GCM：一般	RCM：较差 GCM：较好	RCM：一般 GCM：免费

4.3.4　实际用能数据获取

实际用能数据包括：城市（区）范围内所有目标建筑的用电、用气量。该数据的主要作用是检验城市建筑能耗模拟的准确性。此外，该数据还可作为"原型建筑法"中参数调整的基准。尽管实际用能数据对城市建筑能耗模拟很重要，但一项研究表明：由于缺乏实际用能数据，约30%的城市建筑能耗模拟研究并不进行模拟结果的检验[111]。这也反映了实际用能数据获取的困难。

实际用能数据主要通过计量数据、能耗报告及信息开放门户获得。计量数据须通过能源公司/部门获取，如Monteiro等[72]通过与葡萄牙的某一能源公司合作，获得了分辨度为15 min的城区建筑用电量，并以此检验城区能耗模拟结果。Sokol等[25]基于美国剑桥市的能源公司数据（包括月用电、用气量），对城市建筑能耗模拟结果进行检验，并使用贝叶斯法校准了"原型建筑法"中的各项参数。Dall'O等[112]依托从意大利米兰卡鲁加泰市燃气公司获得的城区年用气量，检验了住宅建筑的能耗模拟结果。计量数据可以提供较精细时间分辨度的数据（如逐时、逐日），有利于城市建筑能耗模拟准确性的判断。但是，该数据通常掌握在能源公司手中，出于对数据隐私和安全的考虑，其获取十分困难。

当计量数据无法获取时，能耗报告可以作为一种替代。Shimoda等[9]依据日本国家商业指南FY 1999所提供的年能耗量，对日本大阪市的住宅用能模拟结果进行了验证。Cerezo Davila等[24]依据美国能源信息署发布的2份能耗报告CBECS和RBECS中的能源使用强度（EUI），校验了波士顿的城市能耗模拟结果。此外，Cerezo Davila等[26]还把科威特城的政府能耗报告作为基准，校准了其"原型建筑法"中的各项参数。能耗报告的获取较为便捷，许多政府部门都会定期公开这一数据，但其通常只提供全年累计能耗量。

信息开放门户也可提供一定的实际用能数据。Caputo等[38]使用从SIRENA（意大利伦巴第大区能源信息系统）获取的实际用能数据，检验了米兰城市建筑能耗模拟的精确性。Chen等[113]基于旧金山信息开放门户中的EUI，使用蒙特卡罗采样对该区域内72个办公建筑模型中的17个参数进行了校准。信息开放门户中的数据也较易获取，但其主要不足在于：全球范围内，仅有少数城市开放这一数据。

表 4-10 对城市建筑能耗模拟所需实际用能数据的获取方法（来源）、方法（来源）的准确性及实施数据的可获得性和费用进行了汇总。

表 4-10　实际用能数据的获取方法（来源）、方法（来源）的准确性及实施数据的
可获得性和费用汇总

获取方法（来源）			数据评价		
目标数据	具体方法（来源）	实施数据	准确性	可获得性	费用
建筑用电、用气量	计量数据	计量数据	较高	较差	免费（非公开）
	能耗报告	能耗报告数据	较低	较好	免费（公开）
	信息开放门户	信息开放门户数据	一般	一般	免费（公开）

4.4 城市建筑能耗计算案例

城市建筑能耗计算对新城规划设计、旧城能耗分析及用能场景评估都有重要影响。本节将分别选取杭州南站项目、上海同济大学周边街区及南京河西新城某街区作为案例进行说明。

4.4.1 杭州南站项目

杭州南站位于杭州市萧山区，是杭州钱塘江南岸唯一一座客运火车站。杭州南站作为杭州南部的城市门户与交通枢纽，其设计运用了第三代高铁站"城站一体化"的设计理念，强调"到站即到家（入城）"的城市功能布局，同时依托高铁站进行东西两侧新老城缝合互动发展。在空间布局方面，其围绕上述设计理念，采用 TOD（transit-oriented development）圈层布局发展模式，打造"内城外坊"的特色空间布局，突出内城的公共服务性和外坊的生活宜居性，此外，还打造了高铁站东西向轴线空间布局，尤其突出东侧中央绿轴城市印记，以东广场为起始段，中段依托绿轴两侧布置高端商务办公楼，塑造城市连续界面，末段结合运河打造人工景观湖和高层地标建筑作为中央轴线高潮点。在功能分区上，该项目以高铁枢纽区为核心，西侧设有生活办公区、山体涵养区、宜居生活区与文创办公区，东侧为站前商务区、中心综合配套区与宜居生活区。在场所特质方面，总结梳理了杭州市萧山区的城市发展逻辑与文化脉络，基于对历史文化与自然生态的解析，在中央绿轴内部和运河河畔植入具有杭州地域性文化特征的建筑，同时预留多条观山廊道，营造具有生态特色的城市空间。杭州南站区位及其功能区设计如图 4-8 所示。

杭州南站项目占地 3.5 km^2，现状建筑 926 栋，规划方案建筑 310 栋。对该区域进行城市建筑能耗计算：建筑基底及建筑高度依托规划图获取；现有建筑窗墙比通过现场建筑立面拍摄，并使用 Wang 等提出的图像识别方法[52] 获取，而规划建筑的窗墙比则根据专家经验值设定；人员活动与设备运行模式、围护结构热工参数及暖通空调系统技术参数使用原型建筑法进行设定，其中，住宅建筑参照《夏热冬冷地区居住建筑节能设计标准》（JGJ 134），公共建筑参照《公共建筑节能设计标准》（GB 50189）；天气信息采用当地典型气象年文件数据。所用热区模型为单热区模型，依托 Rhino 与其插件 Grasshopper，通过参数化建模，进行城市建筑能耗计算。

通过能耗计算，得出杭州南站片区现状能耗和方案能耗。该区域现状建筑的总能耗为 1.2×10^8 kW·h，单位面积能耗为 63.03 kW·h/m²。将现状的单位面积能耗作为城市能耗"基准线"，对杭州南站规划方案进行模拟，得出规划方案建筑的总能耗为 3.3×10^8 kW·h，单位面积能耗为 60.72 kW·h/m²。方案建筑的单位面积能耗相较现状降低 3.66%。图 4-9 展示了杭州南站规划建筑单位面积能耗量。由此图可以看出，东侧宜居生活区的单位面积能耗较低；西侧宜居生活区的单位面积能耗比东侧的高；高铁枢纽区的单位面积能耗整体适中；而东侧中心综合配套区的单位面积能耗最高。该案例清晰地展示了城市建筑能耗计算对城区现状分析及规划方案效果预测的积极作用。

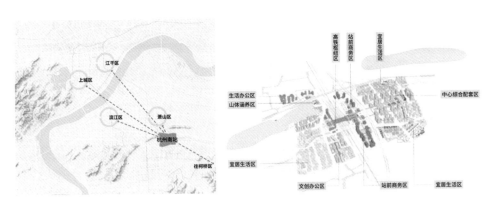

图 4-8　杭州南站区位及其功能区设计

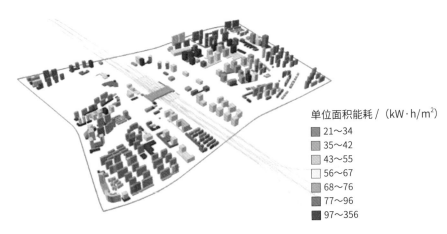

图 4-9　杭州南站规划建筑单位面积能耗量

4.4.2 上海同济大学周边街区

如图 4-10 所示，上海同济大学周边街区位于上海市杨浦区，占地面积约 6.48 km²，共包含 2439 幢建筑，总建筑面积约为 2189 万 m²。其中，住宅建筑 1304 幢，公共建筑 1135 幢。该区域建筑密度为 24.8%，容积率为 3.38。

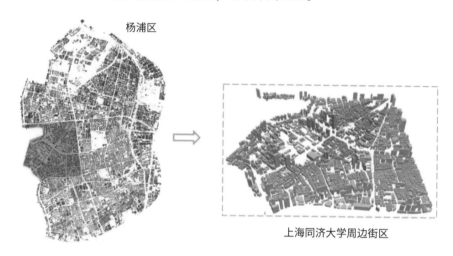

图 4-10　上海同济大学周边街区区位

对该区域进行城市建筑能耗模拟：建筑基底通过百度地图静态图 API 获取；建筑高度通过建筑垂直边缘法获取，且建筑垂直边缘长度采用自动识别的方式[62]；住宅建筑窗墙比统一设定为东向 0.17，西向 0.07，南向 0.22，北向 0.19，而公共建筑的这些参数分别设定为 0.17、0.07、0.3、0.25；人员活动与设备运行模式、围护结构热工参数、暖通空调系统技术参数的设定与杭州南站案例相同，参照《夏热冬冷地区居住建筑节能设计标准》（JGJ 134）以及《公共建筑节能设计标准》（GB 50189）实施；天气信息采用当地典型气象年文件数据。所用热区为单热区模型，依托 Rhino 及其插件 Grasshopper，通过参数化建模，进行城市建筑能耗计算。

图 4-11 展示了上海同济大学周边街区建筑单位面积能耗量。该区域现状建筑的总能耗为 1.3×10^9 kW·h，单位面积能耗为 59.62 kW·h/m²。对于该区域内单体建筑，其单位面积能耗集中在 50 ~ 70 kW·h/m²。此外，深蓝色建筑（低能耗）多为住宅建筑，浅蓝色建筑（中等能耗）多为办公、教育类建筑，而红色建筑（高能耗）多为商业建筑。

图 4-12 展示了该区域不同时间、空间尺度下的能耗模拟结果。① 该区域能耗

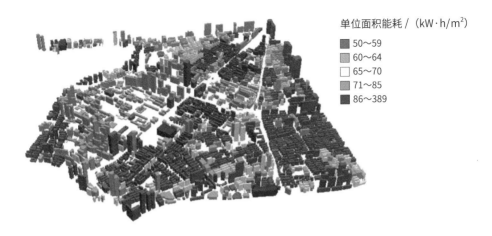

图 4-11　上海同济大学周边街区建筑单位面积能耗量

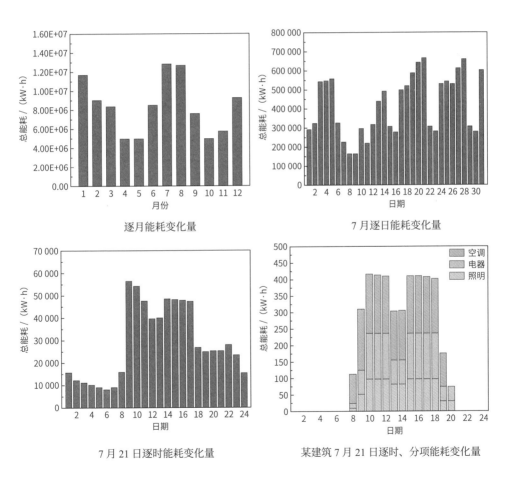

图 4-12　上海同济大学周边街区多尺度能耗模拟结果

峰值分别出现在冬季 12 月和 1 月，夏季 7 月至 8 月；谷值分别出现在 4 月至 5 月，10 月至 11 月。② 观察 7 月逐日能耗变化量，约每隔一周会出现一次用电峰值，如第一次峰值出现在 3—5 日，第二次峰值出现在 13—14 日，第三次峰值出现在 19—21 日，峰值常出现在工作日的末尾（如周四、周五）。③ 观察 7 月 21 日逐时能耗变化量，该区域从 9 时至 17 时，一直维持高用电量；从 18 时至 23 时，用电量维持在适中水平；而在 0 时至 8 时，用电量较低。④ 在 7 月 21 日，某建筑的运行时间为 8 时至 20 时；其中，运行初期，空调能耗占比较高；运行中，空调与电器的能耗占比基本相同，而照明能耗则相对较少。该案例清晰地展示了城市建筑能耗计算的多尺度性及能耗计算结果的多样性。

4.4.3　南京河西新城某街区

河西新城是南京重要的金融集聚区，也是华东第二大中央商务区，具有金融、展览、文化、商业等诸多功能。研究区域位于河西新城中部，面积为 1.32 km²，包含 114 栋建筑，如图 4-13 所示。对该研究区域，模拟两种用能场景，即通过两种不同的方法确定建筑围护结构热工参数：① 使用《夏热冬冷地区居住建筑节能设计标准》（JGJ 134）和《公共建筑节能设计标准》（GB 50189）标准中限定的最大值；② 使用 ASHRAE 90.1 标准中限定的最大值。对于其他参数，保持完全相同，并作如下设定：建筑基底通过百度地图静态图 API 获取；建筑高度通过图像识别与建筑垂直边缘法获取[62]；住宅建筑的窗墙比统一设定为 0.3，公共建筑的窗墙比统一设定为 0.7；场景 1 和 2 中的热工参数参照表 4-11 设定；人员活动、设备运行模式及暖通空调系统技术参数，使用 ASHRAE 模板进行设定；天气信息使用典型气象年文件数据。

采用 Rhino 作为城市建筑三维建模的平台，通过 Grasshopper 输入参数，将 EnergyPlus 作为模拟引擎。围护结构热工参数主要影响暖通空调系统的能耗，因此，本案例主要讨论该区域空调能耗。图 4-14 分别展示了研究区域在两种场景下的总空调能耗、供冷能耗、供暖能耗及单体建筑能耗差异。由图可以看出：① 使用 GB 50189 设定围护结构热工参数，会得到更大的总空调能耗、供冷能耗及供暖能耗；② 两种用能场景的供冷能耗差异较小，但供暖能耗差异较大；③ 单体建筑间的供冷

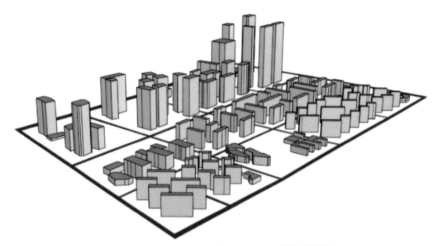

图 4-13　南京河西新城某街区城市三维几何模型

表 4-11　GB/JGJ 和 ASHRAE 标准中热工参数的最大限值

热工参数	GB/JGJ		ASHRAE	
	住宅	非住宅	住宅	非住宅
U_{roof}	1.000	0.500	0.233	0.233
U_{wall}	1.500	0.800	0.592	0.701
U_{window}	4.700	3.500	3.410	3.410
g_{window}	0.390	0.480	0.250	0.250

注：U_{roof}，U_{wall}，U_{window} 分别表示屋顶、外墙、外窗的传热系数；g_{window} 表示外窗的太阳得热系数。

能耗差异较小，为 3% ～ 10%，但供暖能耗差异较大，差异可从 –10% 到 40%，两者"中和"后，会使总空调能耗的差异达到 0 ～ 10%。上述分析表明，围护结构热工参数的改变，会对城市建筑空调能耗产生影响，且主要体现在供暖能耗上。该案例清晰地展示了城市建筑能耗计算对场景分析的重要作用。

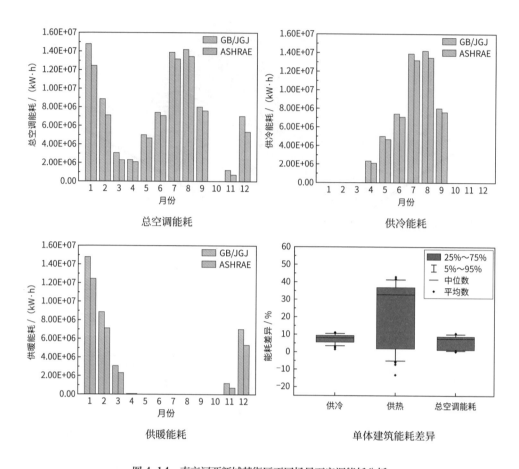

图 4-14　南京河西新城某街区不同场景下空调能耗分析

参考文献

1 城市形态

[1]　MERRIAM-WEBSTER. Merriam-Webster's Collegiate Dictionary [M]. Tenth Edition. Spring-field, MA: Merriam-Webster, Inc., 1997.

[2]　CONZEN M. Towards a systematic approach in planning science: geoproscopy [J]. Town Planning Review, 1938 (18): 1-26.

[3]　CONZEN M. East Prussia: some aspects of its historical geography [J]. Geography, 1945, 30: 1-10.

[4]　CONZEN M. Modern settlement [C] // ISAAC P C G AND ALLAN R E A. Scientific survey of north-eastern England. Newcastle-upon-Tyne: British Association, 1949: 75-83.

[5]　CONZEN M. Alnwick, Northumberland: a study in town-plan analysis [M]. Second edition. London: Institute of British Geographers, 1969.

[6]　CONZEN M. The Plan analysis of an English city centre [C] // NORBORG K. Proceedings of the IGU Symposium in Urban Geography Lund. Lund: Gleerup, 1962: 383-414.

[7]　CONZEN M. Historical townscapes in Britain: a problem in applied geography [C] // HOUSE J W. Northern Geographical Essays in Honour of G. H. J. Daysh. Newcastle upon Tyne: Dept. of Geography, University of Newcastle upon Tyne, 1966: 56-78.

[8]　CONZEN M. The use of town plans in the study of urban history [C] // DYOS H J. The Study of Urban History. London: Edward Arnold, 1968: 113-30.

[9]　CONZEN M. Japanese and English castle towns: an historico-geographical comparison of their morphologies [C] // TANIOKA T AND UKITA T. Proceedings of the 24th International Geographical Congress Section 9: Historical Geography. Tokyo: International Geographical Union, 1981: 89-92.

[10]　CONZEN M. Thinking about urban form: papers on urban morphology 1932–1998 [M]. Oxford; New York: Peter Lang, 2004.

[11]　MURATORI S, BOLLATI R, BOLLATI S, MARINUCCI G. Studi per una operante storia urbana di Roma [M]. Roma: Consiglio nazionale delle ricerche, 1963.

[12]   MURATORI S. Architettura e civiltà in crisi [M]. Roma: Centro Studi di Storia Urbanistica, 1963.

[13]   MURATORI S. Civiltà e territorio [M]. Roma: Centro Studi di Storia Urbanistica, 1967.

[14]   OLMSTED F L, SUTTON S. Civilizing American cities: a selection of Frederick Law Olmsted's writings on city landscapes [M]. Cambridge, Massachusettes: MIT Press, 1971.

[15]   MUMFORD L. The culture of cities [M]. New York: Harcourt, Brace & Co., 1938.

[16]   HURD R M. Principles of city land values [M]. New York: The Record And Guide, 1903.

[17]   GOTTMANN J. Megalopolis: the urbanized northeastern seaboard of the United States [M]. New York: Twentieth Century Fund, 1961.

[18]   WISSINK G A. American cities in perspective: with special reference to the development of their fringe areas [M]. Assen, The Netherlands: Royal Van Gorcum, 1962.

[19]   VANCE J E. This scene of man: the role and structure of the city in the geography of Western civilization [M]. New York: Harper's College Press, 1977.

[20]   VANCE J E. The continuing city: urban morphology in western civilization [M]. Baltimore: The Johns Hopkins University Press, 1990.

[21]   WHITEHILL W M. Boston: a topographical history [M]. Cambridge, Massachusetts: Belknap Press of Harvard University Press, 1968.

[22]   MAYER H M, WADE R C. Chicago: growth of a metropolis [M]. Chicago: University of Chicago Press, 1969.

[23]   LEWIS P F. New Orleans: the making of an urban landscape [M]. Cambridge, Massachusetts: Ballinger, 1976.

[24]   OLSON S H. Baltimore: the building of an American city[M]. Baltimore: The Johns Hopkins University Press, 1980.

[25]   RELPH E. The modern urban landscape [M]. Baltimore: The Johns Hopkins University Press, 1987.

[26]   KNOX P L. The restless urban landscape [M]. Englewood Cliffs, New Jersey: Prentice-Hall, 1993.

[27]   CONZEN M. The moral tenets of American urban form // Frantz K. Human geography in North American: new perspectives and trends in research [M]. Innsbruck: Selbsverlag des Instituts für Geographie der Universität Innsbruck, 1996.

[28]   MOUDON A V. Built for change: nighborhood architecture in San Francisco [M]. Cambridge, Massachusettes: MIT Press, 1986.

2 城市气候的基本概念和数理模型

[1] DAVIS P, CARNEY S. Solar system exploration – Our galactic neighbourhood [EB/OL]. (2023-6-1) [2023-6-2]. https://solarsystem.nasa.gov/planets/mercury/in-depth/.

[2] THE UNITED NATIONS. Kyoto Protocol to the United Nationas Framework Convention on Climate Change [R]. 1997.

[3] MONTEITH J L. Vegetation and the Atmosphere, Vol. 2. Case Studies [M]. London: Academic Press, 1976.

[4] NOVAK M D, BLACK T A. Theoretical determination of the surface energy balance and thermal regime of bare soils [J]. Boundary-Layer Meteorology, 1985, 33: 313-333.

[5] OKE T R, MILLS G, CHRISTEN A, et al. Urban Climate [M]. Cambridge, UK: Cambridge University Press, 2017.

[6] ERELL E, PEARLMUTTER D, WILLIAMSON T. Urban Microclimate: designing the Spaces Between Buildings [M]. UK and USA: Earthscan, 2011.

[7] KUSAKA H, KONDO H, KIKEGAWA Y, et al. A simple single-layer urban canopy model for atmospheric models comparison with multi-layer and slab models [J]. Boundary-Layer Meteorology, 2001, 101: 329-358.

[8] DU S, ZHANG X, JIN X, et al. A review of multi-scale modelling, assessment, and improvement methods of the urban thermal and wind environment [J]. Building and Environment, 2022, 213.

[9] MIRZAEI P A, HAGHIGHAT F. Approaches to study Urban Heat Island – abilities and limitations [J]. Building and Environment, 2010, 45(10): 2192-2201.

[10] BUENO B, NORFORD L, HIDALGO J, et al. The urban weather generator [J]. Journal of Building Performance Simulation, 2012, 6(4): 269-281.

[11] ENVI-MET. ENVI-met Model Architecture [EB/OL]. (2023-2-26)[2023-6-2]. https://envi-met. info/doku.php?id=intro:modelconcept.

[12] CHEN F, KUSAKA H, BORNSTEIN R, et al. The integrated WRF/Urban modelling system: development, evaluation, and applications to urban environmental problems [J]. International Journal of Climatology, 2011, 31(2): 273-288.

[13] TAO W, HE Y. Recent advances in multiscale simulations of heat transfer and fluid flow problems [J]. Progress in Computational Fluid Dynamics, 2009, 9(3-5): 150-157.

[14] CUI P-Y, ZHANG Y, ZHANG J-H, et al. Application and numerical error analysis of multiscale method for air flow, heat and pollutant transfer through different scale urban areas [J]. Building and Environment, 2019, 149: 349-65.

[15] HE Y L, TAO W Q. Multiscale Simulations of Heat Transfer and Fluid Flow Problems [J]. Journal of Heat Transfer, 2012, 134(3).

[16] WONG N H, HE Y, NGUYEN N S, et al. An integrated multiscale urban microclimate model for the urban thermal environment [J]. Urban Climate, 2021, 35(4).

[17] FRANKE J, HELLSTEN A, SCHLÜNZEN K H, et al. The COST 732 Best Practice Guideline for CFD simulation of flows in the urban environment: A summary [J]. International Journal of Environment and Pollution, 2011, 44(1-4): 419-427.

[18] TOMINAGA Y, MOCHIDA A, YOSHIE R, et al. AIJ guidelines for practical applications of CFD to pedestrian wind environment around buildings [J]. Journal of Wind Engineering and Industrial Aerodynamics, 2008, 96(10-11): 1749-1761.

[19] FOROUZANDEH A. Numerical modeling validation for the microclimate thermal condition of semi-closed courtyard spaces between buildings [J]. Sustainable Cities and Society, 2018, 36: 327-345.

[20] DENG J Y, WONG N H. Impact of urban canyon geometries on outdoor thermal comfort in central business districts [J]. Sustainable Cities and Society, 2020, 53(2).

[21] DU S H, LI Y X, WANG C, et al. A Cross-Scale Analysis of the Correlation between Daytime Air Temperature and Heterogeneous Urban Spaces [J]. Sustainability, 2020, 12(18).

[22] SALATA F, GOLASI I, DE LIETO VOLLARO R, et al. Urban microclimate and outdoor thermal comfort. A proper procedure to fit ENVI-met simulation outputs to experimental data [J]. Sustainable Cities and Society, 2016, 26: 318-343.

[23] JANDAGHIAN Z, BERARDI U. Comparing urban canopy models for microclimate simulations in Weather Research and Forecasting Models [J]. Sustainable Cities and Society, 2020, 55.

[24] ZHANG X, STEENEVELD G J, ZHOU D, et al. Modelling urban meteorology with increasing refinements for the complex morphology of a typical Chinese city (Xi'an) [J]. Building and Environment, 2020, 182.

3 城市气候

[1]   ERELL E, PEARLMUTTER D, WILLIAMSON T. Urban Microclimate: designing the Spaces Between Buildings [M]. UK and USA: Earthscan, 2011.

[2]   OKE T R. Boundary Layer Climate [M]. London: Methuen, 1987.

[3]   HUNT J C R, POULTON E C, MUMFORD J C. The effects of wind on people; new criteria based on wind tunnel experiments [J]. Building and Environment, 1976, 11(1): 15-28.

[4]   MELBOURNE W H. Criteria for environmental wind conditions [J]. Journal of Industrial Aerodynamics, 1978, 3: 241-249.

[5]   SOLIGO M J, IRWIN P A, WILLIAMS C J, et al. A comprehensive assessment of pedestrian comfort including thermal effects [J]. Journal of Wind Engineering and Industrial Aerodynamics, 1998, 77: 753-766.

[6]   ISYUMOV N, DAVENPORT A G. The ground level wind environment in built-up areas [C] // EATON K J. Proceedings of the Fourth International Conference on Wind Effects on Buildings and Structures. Cambridge: Cambridge University Press, 1977: 403-422.

[7]   LAWSON T V, PENWARDEN A D. The effects of wind on people in the vicinity of buildings [C] // EATON K J.Proceedings of the Fourth International Conference on Wind Effects on Buildings and Structures. Cambridge: Cambridge University Press, 1977: 605-666.

[8]   BLOCKEN B, CARMELIET J. Pedestrian Wind Environment around Buildings: Literature Review and Practical Examples [J]. Journal of Thermal Envelope and Building Science, 2004, 28(2): 107-159.

[9]   WANG W, YANG T, LI Y, et al. Identification of pedestrian-level ventilation corridors in downtown Beijing using large-eddy simulations [J]. Building and Environment, 2020, 182.

[10]   YIM S H L, FUNG J C H, LAU A K H, et al. Air ventilation impacts of the "wall effect" resulting from the alignment of high-rise buildings [J]. Atmospheric Environment, 2009, 43(32): 4982-4994.

[11]   HAMLYN D, BRITTER R. A numerical study of the flow field and exchange processes within a canopy of urban-type roughness [J]. Atmospheric Environment, 2005, 39(18): 3243-3254.

[12]   PANAGIOTOU I, NEOPHYTOU M K, HAMLYN D, et al. City breathability as quantified by the exchange velocity and its spatial variation in real inhomogeneous urban geometries: an example from central London urban area [J]. Science of the Total Environment, 2013, 442:466-477.

[13]   LIU C, LEUNG D, BARTH M. On the prediction of air and pollutant exchange rates in street canyons of different aspect ratios using large-eddy simulation [J]. Atmospheric Environment, 2005, 39(9): 1567-1574.

[14]   PENG Y, BUCCOLIERI R, GAO Z, et al. Indices employed for the assessment of "urban outdoor ventilation" – a review [J]. Atmospheric Environment, 2020, 223.

[15]   HO Y K, LIU C H. Street-Level Ventilation in Hypothetical Urban Areas [J]. Atmosphere, 2017, 8(7).

[16]   ANTONIOU N, MONTAZERI H, WIGO H, et al. CFD and wind-tunnel analysis of outdoor ventilation in a real compact heterogeneous urban area: Evaluation using "air delay" [J]. Building and Environment, 2017, 126: 355-372.

[17]   HANG J, SANDBERG M, LI Y. Age of air and air exchange efficiency in idealized city models [J]. Building and Environment, 2009, 44(8): 1714-1723.

[18]   HANG J, LI Y, SANDBERG M, et al. The influence of building height variability on pollutant dispersion and pedestrian ventilation in idealized high-rise urban areas [J]. Building and Environment, 2012, 56: 346-360.

[19]   BADY M, KATO S, HUANG H. Towards the application of indoor ventilation efficiency indices to evaluate the air quality of urban areas [J]. Building and Environment, 2008, 43(12): 1991-2004.

[20]   REN C, YANG R, CHENG C, et al. Creating breathing cities by adopting urban ventilation assessment and wind corridor plan – The implementation in Chinese cities [J]. Journal of Wind Engineering and Industrial Aerodynamics, 2018, 182: 170-188.

[21]   MAYER H, BECKROGE W, MATZARAKIS A. Bestimmung von stadtklimarelevanten Luftleitbahnen [J]. UVP Report, 1994, 8(5): 265-268.

[22]   YUAN C, REN C, NG E. GIS-based surface roughness evaluation in the urban planning system to improve the wind environment – A study in Wuhan, China [J]. Urban Climate, 2014, 10: 585-593.

[23]   GÁL T, UNGER J. Detection of ventilation paths using high-resolution roughness parameter mapping in a large urban area [J]. Building and Environment, 2009, 44(1): 198-206.

[24]   WONG M S, NICHOL J E, TO P H, et al. A simple method for designation of urban ventilation corridors and its application to urban heat island analysis [J]. Building and Environment, 2010, 45(8): 1880-1889.

[25]   GUO F, ZHANG H C, FAN Y, et al. Detection and evaluation of a ventilation path in a mountainous city for a sea breeze: the case of Dalian [J]. Building and Environment, 2018, 145: 177-195.

[26]   CHEN S L, LU J, YU W W. A quantitative method to detect the ventilation paths in a mountainous urban city for urban planning: A case study in Guizhou, China [J]. Indoor and Built Environment, 2016, 26(3): 422-437.

[27]   GRUNWALD L, KOSSMANN M, WEBER S. Mapping urban cold-air paths in a Central European city using numerical modelling and geospatial analysis [J]. Urban Climate, 2019, 29.

[28]   Xu Y P, Wang W W, Chen B Y, et al. Identification of ventilation corridors using backward trajectory simulations in Beijing [J]. Sustainable Cities and Society, 2021, 70.

[29]   XIE P, YANG J, WANG H Y, et al. A New method of simulating urban ventilation corridors using circuit theory [J]. Sustainable Cities and Society, 2020, 59.

[30]   TONG Z Y, LUO Y, ZHOU J L. Mapping the urban natural ventilation potential by hydrological simulation [J]. Building Simulation, 2021, 14(2): 351-364.

[31]   NG E, YUAN C, CHEN L, et al. Improving the wind environment in high-density cities by understanding urban morphology and surface roughness: A study in Hong Kong [J]. Landsc Urban Plan, 2011, 101(1): 59-74.

[32]   尹杰，詹庆明. 武汉市城市通风廊道挖掘研究 [J]. 现代城市研究，2017(10): 58-63.

[33]   STEWART I D, OKE T R. Local climate zones for urban temperature studies [J]. Bulletin of the American Meteorological Society, 2012, 93: 1879-1900.

[34]   STEWART I D, OKE T R, KRAYENHOFF E S. Evaluation of the "local climate zone" scheme using temperature observations and model simulations [J]. International Journal of Climatology, 2014, 34(4): 1062-1080.

[35]   YANG X Y, LI Y G, LUO Z W, et al. The urban cool island phenomenon in a high-rise high-density city and its mechanisms [J]. International Journal of Climatology, 2017, 37(2): 890-904.

[36]   YANG X S, YAO L Y, JIN T, et al. Assessing the thermal behavior of different local climate zones in the Nanjing metropolis, China [J]. Building and Environment, 2018, 137: 171-184.

[37]   HÖPPE P. The physiological equivalent temperature – A universal index for the biometeorological assessment of the thermal environment [J]. International Journal of Biometeorology, 1999, 43: 71-75.

[38]   GAGGE A P, STOLWIJK A J A, NISHI Y. An effective temperature scale based on a simple model
        of human physiological regulatory response [J]. ASHRAE Transactions 1971, 77(1): 247-262.

[39]   PICKUP J, DE DAER R. An Outdoor Thermal Comfort Index (OUT_SET*) - Part I - the model
        and its assumptions [C] // DE DEAR R J,KALMA J, OKE T R, AULICIEMS A.Biometeorology
        and urban climatology at the turn of the millennium: selected papers from the Conference ICS-
        ICUC'99. Geneva, Switzerland: World Meteorological Organization, 2000: 279-283.

[40]   FIALA D, HAVENITH G, BRODE P, et al. UTCI-Fiala multi-node model of human heat transfer
        and temperature regulation [J]. Int J Biometeorol, 2012, 56(3): 429-441.

[41]   FANGER P O. Thermal comfort: analysis and applications in environmental engineering [M].
        Florida: Krieger Publishing Company, 1970.

[42]   GIVONI B. Estimation of the effect of climate on man: Development of a new thermal index [D].
        Haifa; Technion-Israel Institute of Technology, 1963.

[43]   BROWN R D, GILLESPIE T J. Estimating outdoor thermal comfort using a cylindrical radiation
        thermometer and an energy budget model [J]. International Journal of Biometeorology, 1986,
        30(1): 43-52.

[44]   ANGELOTTI A, DESSÌ V, SCUDO G. The evaluation of thermal comfort conditions in
        simplified urban spaces: the COMFA+ model [C] // Proceedings of the 2nd PALENC Conference
        and 28th AIVC Conference on Building Low Energy Cooling and Advanced Ventilation
        Technologies in the 21st Century, Crete island, Greece, 2007: 65-69.

[45]   LIU Y H, XUAN C Y, XU Y M, et al. Local climate effects of urban wind corridors in Beijing [J].
        Urban Climate, 2022, 43.

[46]   FANG Y H, ZHAO L Y. Assessing the environmental benefits of urban ventilation corridors: A case
        study in Hefei, China [J]. Building and Environment, 2022, 212.

[47]   ZHENG Z, REN G, GAO H, et al. Urban ventilation planning and its associated benefits based on
        numerical experiments: A case study in beijing, China [J]. Building and Environment, 2022, 222.

[48]   ZHANG Q, XU D, ZHOU D, et al. Associations between urban thermal environment and physical
        indicators based on meteorological data in Foshan City [J]. Sustainable Cities and Society, 2020, 60.

[49]   VAN HOVE L W A, JACOBS C M J, HEUSINKVELD B G, et al. Temporal and spatial variability
        of urban heat island and thermal comfort within the Rotterdam agglomeration [J]. Building and
        Environment, 2015, 83: 91-103.

[50] YANG F, LAU S S Y, QIAN F. Urban design to lower summertime outdoor temperatures: An empirical study on high-rise housing in Shanghai [J]. Building and Environment, 2011, 46(3): 769-785.

[51] GIRIDHARAN R, LAU S S Y, GANESAN S, et al. Urban design factors influencing heat island intensity in high-rise high-density environments of Hong Kong [J]. Building and Environment, 2007, 42(10): 3669-3684.

[52] ANDREOU E. Thermal comfort in outdoor spaces and urban canyon microclimate [J]. Renewable Energy, 2013, 55: 182-188.

[53] 殷实. 基于气候适应性的岭南传统骑楼街空间尺度研究 [D]. 广州：华南理工大学, 2015.

[54] ZHU S J, YANG Y, YAN Y, et al. An evidence-based framework for designing urban green infrastructure morphology to reduce urban building energy use in a hot-humid climate [J]. Building and Environment, 2022, 219.

[55] JAGANMOHAN M, KNAPP S, BUCHMANN C M, et al. The Bigger, the Better? The Influence of Urban Green Space Design on Cooling Effects for Residential Areas [J]. Jounal of Environmental Quality, 2016, 45(1): 134-145.

[56] LEE H, MAYER H, CHEN L. Contribution of trees and grasslands to the mitigation of human heat stress in a residential district of Freiburg, Southwest Germany [J]. Landscape and Urban Planning, 2016, 148: 37-50.

[57] NG E, CHEN L, WANG Y N, et al. A study on the cooling effects of greening in a high-density city: an experience from Hong Kong [J]. Building and Environment, 2012, 47: 256-271.

[58] NORTON B A, COUTTS A M, LIVESLEY S J, et al. Planning for cooler cities: A framework to prioritise green infrastructure to mitigate high temperatures in urban landscapes [J]. Landscape and Urban Planning, 2015, 134: 127-138.

[59] MORAKINYO T E, OUYANG W, LAU K-L, et al. Right tree, right place (urban canyon): Tree species selection approach for optimum urban heat mitigation – development and evaluation [J]. Science of the Total Environment, 2020, 719.

4　城市能耗

[1]　国家统计局. 中国能源统计年鉴2021 [M]. 北京: 中国统计出版社, 2022.

[2]　杭州市统计局. 2022年杭州统计年鉴 [DB/OL]. http://tjj.hangzhou.gov.cn/art/2022/11/28/art_1229453592_4107024.html. 2023-3-22.

[3]　潘毅群, 郁丛, 龙惟定, 等. 区域建筑负荷与能耗预测研究综述 [J]. 暖通空调, 2015, 45(3): 33-40.

[4]　MIKKOLA J, LUND P D. Models for generating place and time dependent urban energy demand profiles [J]. Applied Energy, 2014, 130: 256-264.

[5]　SWAN L G, UGURSAL V I. Modeling of end-use energy consumption in the residential sector: a review of modeling techniques [J]. Renewable and Sustainable Energy Reviews, 2009, 13(8):1819-1835.

[6]　THEODORIDOU I, PAPADOPOULOS A, HEGGER M. Statistical analysis of the Greek residential building stock [J]. Energy and Buildings, 2011, 43(9): 2422-2428.

[7]　AYDINALP M, UGURSAL V I, FUNG A S. Modeling of the appliance, lighting, and space-cooling energy consumptions in the residential sector using neural networks [J]. Applied Energy, 2002, 71(2): 87-110.

[8]　AYDINALP-KOKSAL M, UGURSAL V I. Comparison of neural network, conditional demand analysis, and engineering approaches for modeling end-use energy consumption in the residential sector [J]. Applied Energy, 2008, 85(4): 271-296.

[9]　SHIMODA Y, FUJII T, MORIKAWA T, et al. Residential end-use energy simulation at city scale [J]. Building and Environment, 2004, 39(8): 959-967.

[10]　CHALAL M L, BENACHIR M, WHITE M, et al. Energy planning and forecasting approaches for supporting physical improvement strategies in the building sector: a review [J]. Renewable and Sustainable Energy Reviews, 2016, 64: 761-776.

[11]　REINHART C F, CEREZO DAVILA C. Urban building energy modeling–a review of a nascent field [J]. Building and Environment, 2016, 97: 196-202.

[12]　HONG T Z, CHEN Y X, LUO X, et al. Ten questions on urban building energy modeling [J]. Building and Environment, 2020, 168(C).

[13]　DOGAN T, REINHART C. Shoeboxer: an algorithm for abstracted rapid multi-zone urban building energy model generation and simulation [J]. Energy and Buildings, 2017, 140: 140-153.

[14]   李艳霞, 武玥, 王路, 等. 城市能耗模拟方法的比较研究[J]. 国际城市规划, 2020, 35(2)1: 79-85.

[15]   纽约. NYC OpenData [DB/OL]. https://opendata.cityofnewyork.us/data/, 2022-6-23.

[16]   旧金山. DataSF [DB/OL]. https://datasf.org/, 2022-6-23.

[17]   柏林. Berlin 3D [DB/OL]. https://www.businesslocationcenter.de/en/economic-atlas/download-portal/, 2022-6-23.

[18]   米兰. DATABASE TOPOGRAFICO 2012-STRATO 02 [DB/OL]. https://geoportale.comune.milano.it/ATOM/SIT/DBT2012/DBT2012_STRATO_02_Service.xml, 2022-6-23.

[19]   REMMEN P, LAUSTER M, MANS M, et al. TEASER: an open tool for urban energy modelling of building stocks [J]. Journal of Building Performance Simulation, 2018, 11(1): 84-98.

[20]   MURSHED S M, PICARD S, KOCH A. CityBEM: an open source implementation and validation of monthly heating and cooling energy needs for 3D buildings in cities [C] // Murshed, Syed Monjur, Solène Picard and Andreas Koch. "Citybem: AN Open Source Implementation and Validation of Monthly Heating and Cooling Energy Needs for 3d Buildings in Cities." ISPRS Annals of the Photogrammetry, Remote Sensing and Spatial Information Sciences, 2017: 83-90.

[21]   NOUVEL R, MASTRUCCI A, LEOPOLD U, et al. Combining GIS-based statistical and engineering urban heat consumption models: towards a new framework for multi-scale policy support [J]. Energy and Buildings, 2015, 107: 204-212.

[22]   NOUVEL R, SCHULTE C, EICKER U, et al. CityGML-based 3D city model for energy diagnostics and urban energy policy support [C] // Proceedings of the 13th IBPSA Conference, Chambery, France, 2013.

[23]   CHEN Y X, HONG T Z, PIETTE M A. City-scale building retrofit analysis: a case study using CityBES [C] // Proceedings of the 15th IBPSA Conference, San Francisco, USA, 2017: 259-266.

[24]   CEREZO DAVILA C, REINHART C F, BEMIS J L. Modeling Boston: a workflow for the efficient generation and maintenance of urban building energy models from existing geospatial datasets [J]. Energy, 2016, 117: 237-250.

[25]   SOKOL J, CEREZO DAVILA C, REINHART C F. Validation of a Bayesian-based method for defining residential archetypes in urban building energy models [J]. Energy and Buildings, 2017, 134: 11-24.

[26] CEREZO DAVILA C, SOKOL J, ALKHALED S, et al. Comparison of four building archetype characterization methods in urban building energy modeling (UBEM): a residential case study in Kuwait City [J]. Energy and Buildings, 2017, 154: 321-334.

[27] FONSECA J A, NGUYEN T-A, SCHLUETER A, et al. City Energy Analyst (CEA): Integrated framework for analysis and optimization of building energy systems in neighborhoods and city districts [J]. Energy and Buildings, 2016, 113: 202-226.

[28] 罗志清, 张惠荣, 吴强, 等. 机载LiDAR技术[J]. 国土资源信息化, 2006(2): 20-25.

[29] 张学之, 张禹, 徐敏. 利用LiDAR/倾斜摄影技术实现三维城市快速建模的方法研究[J]. 测绘与空间地理信息, 2015, 38(3): 47-49.

[30] POULLIS C. Large-scale urban reconstruction with tensor clustering and global boundary refinement [J]. IEEE Transactions on Pattern Analysis and Machine Intelligence, 2020, 42(5):1132-1145.

[31] JAKUBIEC J A, REINHART C F. A method for predicting city-wide electricity gains from photovoltaic panels based on LiDAR and GIS data combined with hourly Daysim simulations [J]. Solar Energy, 2013, 93:127-143.

[32] 刘增良. 基于倾斜摄影的大规模城市实景三维建模技术研究与实践 [J]. 测绘与空间地理信息, 2019, 42(2): 187-189, 193.

[33] NOCERINO E, MENNA F, REMONDINO F, et al. Accuracy and block deformation analysis in automatic UAV and terrestrial photogrammetry – lesson learnt [C] // ISPRS Annals of the Photogrammetry, Remote Sensing and Spatial Information Sciences on the 2013 XXIV International CIPA Symposium, 2 - 6 September 2013, Strasbourg, France, II-5/W1: 203-208.

[34] ZHANG X J, ZHAO P C, HU Q W, et al. A UAV-based panoramic oblique photogrammetry (POP) approach using spherical projection [J]. ISPRS Journal of Photogrammetry and Remote Sensing, 2020, 159: 198-219.

[35] TOSCHI I, NOCERINO E, REMONDINO F, et al. Geospatial data processing for 3D city model generation, management and visualization [A] // The International Archives of the Photogrammetry, Remote Sensing and Spatial Information Sciences on 2017 ISPRS Hannover Workshop, 6-9 June 2017, Hannover, Germany, XLII-1/W1:527-534.

[36] ÖSTERBRING M, MATA E, THUVANDER L, et al. A differentiated description of building-stocks for a georeferenced urban bottom-up building-stock model [J]. Energy and Buildings, 2016, 120:78-84.

[37] CHEN Y X, HONG T Z. Impacts of building geometry modeling methods on the simulation results of urban building energy models [J]. Applied Energy, 2018, 215: 717-735.

[38] CAPUTO P, COSTA G, FERRARI S. A supporting method for defining energy strategies in the building sector at urban scale [J]. Energy Policy, 2013, 55:261-270.

[39] FONSECA J A, SCHLUETER A. Integrated model for characterization of spatiotemporal building energy consumption patterns in neighborhoods and city districts [J]. Applied Energy, 2015, 142: 247-265.

[40] BUFFAT R, FROEMELT A, HEEREN N, et al. Big data GIS analysis for novel approaches in building stock modelling [J]. Applied Energy, 2017, 208: 277-290.

[41] DOCHEV I, GORZALKA P, WEILER V, et al. Calculating urban heat demands: an analysis of two modelling approaches and remote sensing for input data and validation [J]. Energy and Buildings, 2020, 226.

[42] LI W L, ZHOU Y Y, CETIN K S, et al. Developing a landscape of urban building energy use with improved spatiotemporal representations in a cool-humid climate [J]. Building and Environment, 2018, 136: 107-117.

[43] FAN H C, ZIPF A, FU Q, et al. Quality assessment for building footprints data on OpenStreetMap [J]. International Journal of Geographical Information Science, 2014, 28(4): 700-719.

[44] WANG C, LI Y X, SHI X. Information mining for Urban Building Energy Models (UBEMs) from two data sources: OpenStreetMap and Baidu Map [C] // Proceedings of the 16th IBPSA International Conference and Exhibition, Rome, Italy, Sept. 2-4,2019(a): 3369-3376.

[45] GAVANKAR N L, GHOSH S K. Object based building footprint detection from high resolution multispectral satellite image using K-means clustering algorithm and shape parameters [J]. Geocarto International, 2018, 34(6): 626-643.

[46] SCHUEGRAF P, BITTNER K. Automatic building footprint extraction from multi-resolution remote sensing images using a hybrid FCN [J]. ISPRS International Journal of Geo-Information, 2019, 8(4): 191.

[47]   WANG C, SHEN Y, LIU H, et al. Building extraction from high-resolution remote sensing images by adaptive morphological attribute profile under object boundary constraint [J]. Sensors, 2019(b), 19(17): 3737.

[48]   YUAN J Y. Learning building extraction in aerial scenes with convolutional networks [J]. IEEE Transactions on Pattern Analysis and Machine Intelligence, 2019, 40(11): 2793-2798.

[49]   YANG H L, YUAN J Y, LUNGA D, et al. Building extraction at scale using convolutional neural network: mapping of the United States [J]. IEEE Journal of Selected Topics in Applied Earth Observations and Remote Sensing, 2018, 11(8): 2600-2614.

[50]   WANG C, FERRANDO M, CAUSONE F, et al. Data acquisition for urban building energy modeling: a review [J]. Building and Environment, 2022, 217.

[51]   REN C, CAI M, LI X W, et al. Developing a rapid method for 3-dimensional urban morphology extraction using open-source data [J]. Sustainable Cities and Society, 2019, 53.

[52]   WANG C, WEI S, DU S H, et al. A systematic method to develop three dimensional geometry models of buildings for urban building energy modeling [J]. Sustainable Cities and Society, 2021, 71.

[53]   WU Y, BLUNDEN L S, BAHAJ A S. City-wide building height determination using light detection and ranging data [J]. Environment and Planning B: Urban Analytics and City Science, 2019, 46(9): 1741-1755.

[54]   NAGELER P, ZAHRER G, HEIMRATH R, et al. Novel validated method for GIS based automated dynamic urban building energy simulations [J]. Energy, 2017, 139: 142-154.

[55]   TOOKE T R, VAN DER LAAN M, COOPS N C. Mapping demand for residential building thermal energy services using airborne LiDAR [J]. Applied Energy, 2014, 127: 125-134.

[56]   QI F, WANG Y. A new calculation method for shape coefficient of residential building using Google Earth [J]. Energy and Buildings, 2014, 76: 72-80.

[57]   QI F, ZHAI J Z, DANG G H. Building height estimation using Google Earth [J]. Energy and Buildings, 2016, 118: 123-132.

[58]   LORENZI L, MELGANI F, MERCIER G. A complete processing chain for shadow detection and reconstruction in VHR images [J]. IEEE Transactions on Geoscience and Remote Sensing, 2012, 50(9): 3440-3452.

[59]   LUO S, LI H F, SHEN H F. Deeply supervised convolutional neural network for shadow detection based on a novel aerial shadow imagery dataset [J]. ISPRS Journal of Photogrammetry and Remote Sensing, 2020, 167: 443-457.

[60]   ZHOU K X, LINDENBERGH R, GORTE B. Automatic shadow detection in urban very-high-resolution images using existing 3D models for free training [J]. Remote Sensing, 2019, 11(1).

[61]   DARE P M. Shadow analysis in high-resolution satellite imagery of urban areas [J]. Photogrammetric Engineering and Remote Sensing, 2005, 71(2): 169-177.

[62]   王超, 石邢, 王萌, 等. 一种城市海量建筑高度智能化获取方法: ZL202110096517.5 [P]. 2021-09-21.

[63]   NOUVEL R, ZIRAK M, COORS V, et al. The influence of data quality on urban heating demand modeling using 3D city models [J]. Computers, Environment and Urban Systems, 2017, 64 :68-80.

[64]   LOTTE R G, HAALA N, KARPINA M, et al. 3D façade labeling over complex scenarios: a case study using convolutional neural network and structure-from-motion [J]. Remote Sensing, 2018, 10(9): 1435.

[65]   YANG X C, QIN X B, WANG J, et al. Building façade recognition using oblique aerial images [J]. Remote Sensing, 2015, 7(8): 10562-10588.

[66]   ANSI/ASHRAE/IES. Energy standard for buildings except low-rise residential buildings: standard 90.1-2019 [S]. 2019.

[67]   DOE. Commercial Reference Buildings [DB/OL]. https://energy.gov/eere/buildings/commercial-reference-buildings, 2022-6-10.

[68]   YAN D, HONG T Z, LI C, et al. A thorough assessment of China's standard for energy consumption of buildings [J]. Energy and Buildings, 2017, 143: 114-128.

[69]   UK. NCM [DB/OL]. https://www.uk-ncm.org.uk/. 2022-6-10.

[70]   欧盟. TABULA [DB/OL] https://episcope.eu/iee-project/tabula/. 2022(a)-6-10.

[71]   欧盟. Entranze [DB/OL]. www.entranze.eu. 2022(b)-6-10.

[72]   MONTEIRO C S, COSTA C, PINA A, et al. An urban building database (UBD) supporting a smart city information system [J]. Energy and Buildings, 2018, 158: 244-260.

[73]   HAPPLE G, FONSECA J A, SCHLUETER A. Context specific urban occupancy modeling using location-based services data [J]. Building and Environment, 2020, 175.

[74]   WU W B, DONG B, WANG Q, et al. A novel mobility-based approach to derive urban-scale building occupant profiles and analyze impacts on building energy consumption [J]. Applied Energy, 2020, 278.

[75]   GU J F, XU P, PANG Z H, et al. Extracting typical occupancy data of different buildings from mobile positioning data [J]. Energy and Buildings, 2018, 180: 135-145.

[76]   MOSTERIRO-ROMERO M, HISCHIER I, FONSECA J A, et al. A novel population-based occupancy modeling approach for district-scale simulations compared to standard-based methods [J]. Building and Environment, 2020, 181.

[77]   HÄGERSTRAND T. What about people in regional science [J]. Papers in Regional Science, 1970, 24(1): 7-24.

[78]   BARBOUR E, CEREZO DAVILA C, GUPTA S, et al. Planning for sustainable cities by estimating building occupancy with mobile phones [J]. Nature Communications, 2019, 10: 3736.

[79]   JIANG S, YANG Y X, GUPTA S, et al. The TimeGeo modeling framework for urban mobility without travel surveys [C] // Proceedings of the National Academy of Sciences of the United States of America, 2016, 113(37): E5370-E5378.

[80]   HORNI A, NAGEL K, AXHAUSEN K W. The multi-agent transport simulation MATSim [M]. London: Ubiquity Press, 2016.

[81]   SEGUI-GASCO P, BALLIS H, PARISI V, et al. Simulating a rich ride-share mobility service using agent-based models [J]. Transportation, 2019, 46(6): 2041-2062.

[82]   FAGNANT D J, KOCKELMAN K M. Dynamic ride-sharing and fleet sizing for a system of shared autonomous vehicles in Austin, Texas [J]. Transporation, 2018, 45(1): 143-158.

[83]   PAGE J, ROBINSON D, MOREL N, et al. A generalised stochastic model for the simulation of occupant presence [J]. Energy and Buildings, 2008, 40: 83-98.

[84]   RICHARDSON I, THOMSON M, INFIELD D. A high-resolution domestic building occupancy model for energy demand simulations [J]. Energy and Buildings, 2008, 40: 1560-1566.

[85]   WIDÉN J, NILSSON A M, WÄCKELGÅRD E. A combined Markov-chain and bottom-up approach to modelling of domestic lighting demand [J]. Energy and Buildings, 2009, 41: 1001-1012.

[86]   WILKE U, HALDI F, SCARTEZZINI J L, et al. A bottom-up stochastic model to predict building occupants' time-dependent activities [J]. Building and Environment, 2013, 60: 254-264.

[87] WANG C, WU Y, SHI X, et al. Dynamic occupant density models of commercial buildings for urban energy simulation [J]. Building and Environment, 2019, 169.

[88] CAUSONE F, CARLUCCI S, FERRANDO M, et al. A data-driven procedure to model occupancy and occupant-related electric load profiles in residential buildings for energy simulation [J]. Energy and Buildings, 2019, 202.

[89] FISCHER D, HÄRTL A, WILLE-HAUSSMANN B. Model for electric load profiles with high time resolution for German households [J]. Energy and Buildings, 2015, 92: 170-179.

[90] YAO R M, STEEMERS K. A method of formulating energy load profile for domestic buildings in the UK [J]. Energy and Buildings, 2005, 37(6): 663-671.

[91] RICHARDSON I, THOMSON M, INFIELD D, et al. Domestic electricity use: a high-resolution energy demand model [J]. Energy and Buildings, 2010, 42(10): 1878-1887.

[92] Department of Energy & Climate Change (UK). Household Electricity Survey [M]. 2014.

[93] Eurostat. Harmonized European Time of Use Surveys [M]. 2000.

[94] REINHART C F. Lightswitch-2002: a model for manual and automated control of electric lighting and blinds [J]. Solar Energy, 2004, 77: 15-28.

[95] NEWSHAM G R, MAHDAVI A, BEAUSOLEIL-MORRISON I. Lightswitch: a stochastic model for predicting office lighting energy consumption [C] // Proceedings of Right Light Three, 3rd European Conference on Energy Efficient Lighting, Newcastle, UK, 1995, 1: 59-66.

[96] REINHART C F, WALKENHORST O. Validation of dynamic RADIANCE-based daylight simulations for a test office with external blinds [J]. Energy and Buildings, 2001, 33(7): 683-697.

[97] BOOTEN C, ROBERTSON J, CHRISTENSEN D, et al. Residential indoor temperature study [R]. NREL/TP-5500-68019, 2017.

[98] REN X, YAN D, HONG T. Data mining of space heating system performance in affordable housing [J]. Building and Environment, 2015, 89: 1-13.

[99] PANCHABIKESAN K, OUF M, EICKER U. Investigating thermostat setpoint preferences in Canadian households [C] // Proceedings of the 17th IBPSA Conference, Bruges, Belgium, 2021: 3513-3520.

[100] WANG C, FERRANDO M, CAUSONE F, et al. An innovative method to predict the thermal parameters of construction assemblies for urban building energy models [J]. Building and Environment, 2022, 224.

[101] HEIPLE S, SAILOR D J. Using building energy simulation and geospatial modeling techniques to determine high resolution building sector energy consumption profiles [J]. Energy and Buildings, 2008, 40(8): 1426-1436.

[102] YAMAGUCHI Y, MIYACHI Y, SHIMODA Y. Stock modelling of HVAC systems in Japanese commercial building sector using logistic regression [J]. Energy and Buildings, 2017, 152: 458-471.

[103] KIM B, YAMAGUCHI Y, KIMURA S, et al. Urban building energy modeling considering the heterogeneity of HVAC system stock: a case study on Japanese office building stock [J]. Energy and Buildings, 2019, 199: 547-561.

[104] DOE. EnergyPlus Weather Data [DB/OL]. https://energyplus.net/weather. 2022-6-16.

[105] CRAWLEY D B. Estimating the impacts of climate change and urbanization on building performance [J]. Journal of Building Performance Simulation, 2008, 1(2): 91-115.

[106] GARREAU E, ABDELOUADOUD Y, HERRERA E, et al. District MOdeller and SIMulator (DIMOSIM) – a dynamic simulation platform based on a bottom-up approach for district and territory energetic assessment [J]. Energy and Buildings, 2021, 251.

[107] KATAL A, MORTEZAZADEH M, WANG L, et al. Urban building energy and microclimate modeling – From 3D city generation to dynamic simulations [J]. Energy, 2022, 251.

[108] PERERA A T D, COCCOLO S, SCARTEZZINI J-L, et al. Quantifying the impact of urban climate by extending the boundaries of urban energy system modeling [J]. Applied Energy, 2018, 222: 847-860.

[109] JENTSCH M F, JAMES P A B, BOURIKAS L, et al. Transforming existing weather data for worldwide locations to enable energy and building performance simulation under future climates [J]. Renewable Energy, 2013, 55: 514-524.

[110] YASSAGHI H, GURIAN P L, HOQUE S. Propagating downscaled future weather file uncertainties into building energy use [J]. Applied Energy, 2020, 278(2).

[111] MALHOTRA A, BISCHOF J, NICHERSU A, et al. Information modelling for urban building energy simulation – A taxonomic review [J]. Building and Environment, 2022, 208.

[112] DALL'O G, GALANTE A, TORRI M. A methodology for the energy performance classification of residential building stock on an urban scale [J]. Energy and Buildings, 2012, 48: 211-219.

[113] CHEN Y X, DENG Z, HONG T Z. Automatic and rapid calibration of urban building energy models by learning from energy performance database [J]. Applied Energy, 2020, 277.